职业教育计算机类专业"互联网+"新形态教材

JavaScript
程序设计案例教程

第 2 版

主　编　张铁成　龙九清　王会兰
副主编　程　阳　叶冬鲜　宋丽媛
参　编　张　科　王　磊　杨耿冰

机械工业出版社

本书以飞机大战游戏为例，围绕该游戏的制作，将 JavaScript 编程语言的知识划分为 9 个模块：制作游戏界面、添加游戏控制、制作单元素动画、制作多元素动画、控制游戏动画、制作多元素场景、添加碰撞功能、制作精灵动画和发布运行游戏。每个模块又划分为学习目标、学习情境、实施步骤、知识补充、拓展练习几个环节。

本书内容翔实、结构清晰、图文并茂、通俗易懂，既突出了基础性内容，又重视了实践性应用。本书既可作为各类职业院校计算机及相关专业的教材，也可作为 JavaScript 初学者、编程爱好者的参考用书。

本书配有素材及代码源文件，选用本书作为授课教材的教师可以从机械工业出版社教育服务网（www.cmpedu.com）免费注册后下载，或联系编辑（010-88379194）咨询并加入相关微信群获取更多服务。

图书在版编目（CIP）数据

JavaScript 程序设计案例教程 / 张铁成，龙九清，王会兰主编． -- 2 版． -- 北京：机械工业出版社，2025.6． --（职业教育计算机类专业"互联网+"新形态教材）． -- ISBN 978-7-111-78002-1

Ⅰ．TP312.8

中国国家版本馆 CIP 数据核字第 2025VN8830 号

机械工业出版社（北京市百万庄大街 22 号　邮政编码 100037）
策划编辑：李绍坤　　　　　责任编辑：李绍坤　侯　颖
责任校对：郑　婕　张　征　封面设计：马精明
责任印制：单爱军
北京虎彩文化传播有限公司印刷
2025 年 6 月第 2 版第 1 次印刷
184mm×260mm・10 印张・201 千字
标准书号：ISBN 978-7-111-78002-1
定价：45.00 元

电话服务　　　　　　　　　网络服务
客服电话：010-88361066　　机　工　官　网：www.cmpbook.com
　　　　　010-88379833　　机　工　官　博：weibo.com/cmp1952
　　　　　010-68326294　　金　书　网：www.golden-book.com
封底无防伪标均为盗版　　　机工教育服务网：www.cmpedu.com

前 言

JavaScript 作为 Web 开发中不可或缺的脚本编程语言,其重要性日益凸显。它不仅在网页交互方面发挥着巨大作用,还逐渐渗透到游戏开发、服务器端编程等多个领域。为了满足广大读者对 JavaScript 编程知识的需求,我们编写了本书。本书旨在通过丰富的案例和详细的讲解,帮助读者全面掌握 JavaScript 编程的核心知识和技能。

改版情况

本书在内容和形式上相比上一版进行了诸多优化和提升。首先,在代码讲解方面,采用了注释的方式,既节省了篇幅,又使读者能够更轻松地理解代码的逻辑和原理。其次,每个步骤的代码都仅包含了当前步骤的核心内容,避免了冗余和重复,进一步节省了读者的学习时间。此外,还对本地部署案例开发环境所使用的开发工具进行了版本更新,确保读者能够使用最新版本的开发工具进行学习和实践。在发布运行部分,也进行了重新梳理,使流程更加清晰和易于操作。同时,本书的语言更加精练、表达更加准确,读者能够更快速地掌握知识和技能。另外,在体例的编排上,增加了"知识补充"环节,为读者提供了更多与当前模块相关的拓展内容。

本书以飞机大战游戏为例,围绕该游戏的制作,将 JavaScript 编程语言的知识划分为 9 个模块。这些模块涵盖了制作游戏界面、添加游戏控制、制作单元素动画、制作多元素动画、控制游戏动画、制作多元素场景、添加碰撞功能、制作精灵动画及发布运行游戏。每个模块都详细讲解了相关的知识和技能,并通过具体的案例进行演示和说明。读者可以通过学习和实践这些内容,逐步掌握 JavaScript 编程的核心知识和技能。

主要特色

案例教学:本书以飞机大战游戏为教学案例,将 JavaScript 编程语言的知识点融入其中。这种案例教学的方式既提高了读者的学习兴趣,又保证了知识点的全面覆盖和深入讲解。

模块划分:本书将完整的飞机大战游戏案例按照知识点与制作流程拆解成若干个模块,每个模块都有明确的学习目标和实施步骤。这种模块划分的方式使读者能够循序渐进地学习和掌握 JavaScript 编程的知识和技能。

体例编排:本书的体例编排清晰明了,包括学习目标、学习情境、实施步骤、知识补充和拓展练习环节。这些环节相互衔接、层层递进,为读者提供了一个完整的学习路径。

配套资源:本书提供了丰富的配套资源,包括图片资源、模块案例代码及拓展练习任务的完整代码等。这些资源为读者提供了更多的学习支持和参考,使读者能够更好地理解和掌握JavaScript编程的知识和技能。

本书由张铁成、龙九清和王会兰担任主编，他们负责全书的整体框架设计和内容审核工作。程阳、叶冬鲜和宋丽媛担任副主编，他们协助主编完成部分模块的编写和修订工作。张科、王磊和杨耿冰作为参编人员，参与本书的编写工作。编者们根据自己的专业特长和研究方向，分别负责不同模块的编写任务。在编写过程中，他们充分发挥自己的专业知识和实践经验，为读者提供高质量的学习内容和指导。

通过本书的学习和实践，读者不仅能够掌握JavaScript编程的核心知识和技能，还能够独立运用JavaScript语言编写出更加复杂的项目。希望本书能够为广大读者提供一个全面、系统、实用的学习平台，为他们的JavaScript编程学习之路提供有力的支持和帮助。

由于编者水平有限，书中难免存在疏漏和不妥之处，敬请广大读者批评指正。

编　者

目 录

前言

案例概述 1

   1. 应用程序概述 1

   2. Web 前端技术 2

   3. 案例介绍 3

模块 1　制作游戏界面 9

   学习目标 9

   学习情境 9

   实施步骤 10

   知识补充 15

      1. 应用程序 15

      2. 显示元素 15

      3. 显示元素的属性 15

   拓展练习 18

模块 2　添加游戏控制 23

   学习目标 23

   学习情境 23

   实施步骤 24

   知识补充 35

      1. 事件 35

      2. 触屏事件 35

   拓展练习 36

模块 3　制作单元素动画 41

   学习目标 41

   学习情境 41

   实施步骤 42

   知识补充 50

逻辑运算符 50

　　拓展练习 53

模块 4　制作多元素动画 57

　　学习目标 57

　　学习情境 57

　　实施步骤 58

　　知识补充 66

　　　1. 函数的参数 66

　　　2. 函数的返回值 67

　　　3. 匿名函数 67

　　　4. 变量的作用域 68

　　拓展练习 69

模块 5　控制游戏动画 73

　　学习目标 73

　　学习情境 73

　　实施步骤 74

　　知识补充 81

　　　1. 数据类型转换 81

　　　2. 数据类型的自动转换 82

　　　3. 实现计数累加 82

　　　4. 控制飞机的移动速度 83

　　拓展练习 84

模块 6　制作多元素场景 87

　　学习目标 87

　　学习情境 87

　　实施步骤 88

　　知识补充 96

　　　1. while 循环 96

　　　2. do-while 循环 97

　　　3. 循环中的关键字 98

　　　4. 删除数组中的元素 99

拓展练习 99

模块 7　添加碰撞功能 **103**

　　学习目标 103

　　学习情境 103

　　实施步骤 104

　　知识补充 122

　　　　勾股定理 122

　　拓展练习 123

模块 8　制作精灵动画 **127**

　　学习目标 127

　　学习情境 127

　　实施步骤 128

　　知识补充 135

　　　　1. 切换图片纹理 135

　　　　2. 通过图片纹理创建图片显示元素 136

　　拓展练习 137

模块 9　发布运行游戏 **141**

　　学习目标 141

　　学习情境 141

　　实施步骤 142

　　知识补充 150

　　　　Web 服务器 150

参考文献 **151**

案例概述

1. 应用程序概述

应用程序（Application Program）是计算机软件的主要分类之一，是针对用户的某种特殊应用目的所撰写的软件。

应用程序还可以分为很多种，如系统应用程序、驱动应用程序、桌面应用程序、网络应用程序、手机应用程序、物联网应用程序等。游戏程序是应用程序的主要分类之一，如图 0-1 所示。

图 0-1 游戏程序

游戏程序指利用计算机编程语言（如 C、C++、JavaScript 等）编制计算机、手机或游戏机上的游戏。

游戏程序主要由应用程序、显示元素、游戏控制等几部分组成，如图 0-2 所示。应用程序是游戏的窗口框架，显示元素由图片及文字构成，游戏控制实现整个游戏的交互功能。

应用程序　　　　　　显示元素　　　　　　游戏控制

图 0-2　游戏程序的组成

2．Web 前端技术

WWW（World Wide Web，万维网）也可写为 3W、Web，是 Internet 的重要组成部分。它是基于大量支持 WWW 服务（主要依靠 HTTP）的服务器所搭建起来的服务体系。WWW 在使用上分为 Web 客户端和 Web 服务器。用户可以使用 Web 客户端（多用网络浏览器）访问 Web 服务器上的页面。

Web 应用开发需要遵循的标准是 Web Standard（Web 标准），它是一系列标准的集合。网页主要由三部分组成：结构标准（XML、HTML、XHTML）、表现标准（CSS）、行为标准（DOM、JavaScript）。

Web 前端技术是创建 Web 页面并通过浏览器呈现给用户的技术。该技术通过 HTML5、CSS3、JavaScript 及衍生出来的各种技术、框架、解决方案，来实现互联网产品的用户界面交互功能。

HTML（超文本标记语言）是在 WWW 中用来建立超媒体文件的语言，通过标记和属性对文本的语义进行描述。HTML5 是互联网的下一代标准，被认为是互联网的核心技术之一。它包括一系列标签，通过这些标签可以构建并呈现网页中的各部分显示内容。

CSS（层叠样式表）是一种样式表语言，用以描述用标记语言编写的文档的外观和格式，使得使用 HTML 等语言编写的文档在不同的浏览器上显示出一致的风格。CSS3 是新的 CSS 标准。通过 CSS 可以增强 HTML 文档的显示效果，包括网页中元素的排版、字体、颜色、背景、定位等方面的设计。

JavaScript 是一种脚本语言，最早在 HTML 网页中使用，用于为 HTML 网页增加动态功能。目前，JavaScript 被广泛用于 Web 应用开发，常用于为网页添加各式各样的动态功能，为用户提供更流畅美观的浏览效果。通常，JavaScript 脚本是通过嵌入 HTML 中来实现自身的功能的。

对于 Web 前端开发人员来说，恰当的工具的使用会带来事半功倍的效果，所以找到合适的开发工具是至关重要的。下面列举了几个常用的 Web 前端开发工具。

1）NotePad++ 是一款文本编辑器，小巧、高效，且支持多种编程语言，如 C、C++、Java、C#、XML、HTML、PHP、JavaScript 等。

2）Visual Studio Code 是针对编写现代 Web 和云应用的跨平台源代码编辑器。

3）Sublime Text 是一款轻量级的编辑器，支持各种编程语言。

4）WebStorm 是 JetBrains 公司开发的一款集成开发环境（IDE），对 JavaScript、HTML5 等的开发有很好的支持。

5）Atom 是 GitHub 专门为程序员推出的一款跨平台文本编辑器。

6）HBuilder 是一款国产的前端开发工具。

3．案例介绍

游戏案例相较于其他类型的案例而言运用到的知识比较多，而且逻辑也更加复杂。所以，本书以开发飞机大战游戏作为案例，将 JavaScript 编程语言的知识点融入其中，既提高了学生的学习兴趣，又可以保证知识点的全面覆盖，从而获得更好的学习效果。

飞机大战游戏无论是在 PC 端还是在移动端都是比较经典的射击类游戏。该游戏通过鼠标控制飞机发射子弹来击落敌机，这虽然在游戏操纵及玩法上比较单一，但在程序的编写上并不比其他游戏涵盖的知识点少。该游戏的知识点基本覆盖了 JavaScript 面向过程的主要内容，包括变量、运算符、判断、循环、数组、自定义函数、系统函数、事件等。

本书将完整的飞机大战游戏按照知识点与制作流程，拆解成若干个模块，每个模块都有明确的学习目标。例如"模块 3　制作单元素动画"，对应的学习目标及知识点如图 0-3 所示。

图 0-3　模块 3 的学习目标及知识点

本书在讲解 JavaScript 知识点的同时，还针对不同的知识点提供了丰富的练习题及参考代码，方便巩固所学知识。

通过对本书的学习，读者不仅能够掌握 JavaScript 面向过程的所有知识点，同时也能够独立运用 JavaScript 语言编写出更加复杂的案例，为以后从事程序编写及程序设计相关工作打下一个良好的基础。另外，本书所涉及的知识内容也能够让读者对 1+X 中的 Web 前端开发职业技能中较为晦涩难懂的 JavaScript 语言有一个基本的认识。

飞机大战游戏是利用 PIXI 引擎来编写代码并完成的。PIXI 是一个超快的 2D 渲染引擎，它帮助用户用 JavaScript 和 HTML5 等技术来显示媒体、创建动画或管理交互式图像，从而制作一个游戏或应用。

要在自己的计算机上编写代码实践，只需要将 PIXI 引擎文件复制到开发工具的指定文件夹下即可。下面以 HBuilder X 2.7.14 开发工具为例进行简要说明。

第 1 步：创建项目，执行的命令如图 0-4 所示。

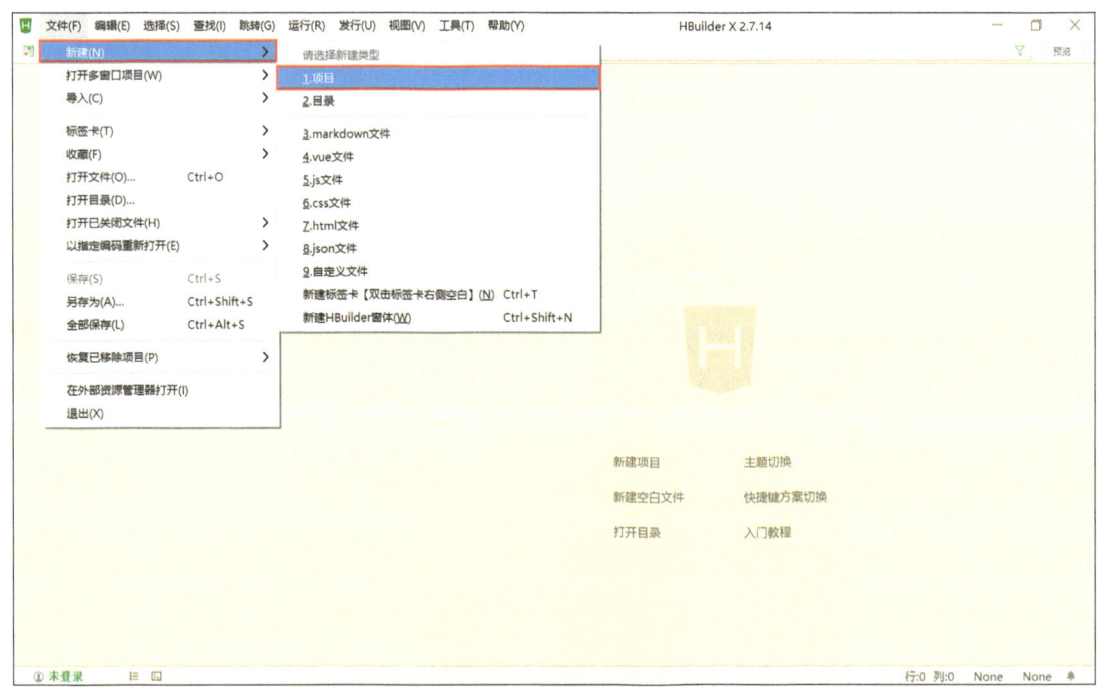

图 0-4　创建项目

第 2 步：指定项目名称及保存位置，并单击"创建"按钮，如图 0-5 所示。

第 3 步：创建项目的目录结构。首先在当前项目中创建名称为 js 的文件夹并将 PIXI 游戏引擎文件复制到该文件夹中，然后创建名称为 res 的文件夹并将要用到的图片资源文件复制到该文件夹中，最后创建 index.html 文件并编写基础网页结构的代码，如图 0-6 所示。

图 0-5 指定项目名称及保存位置

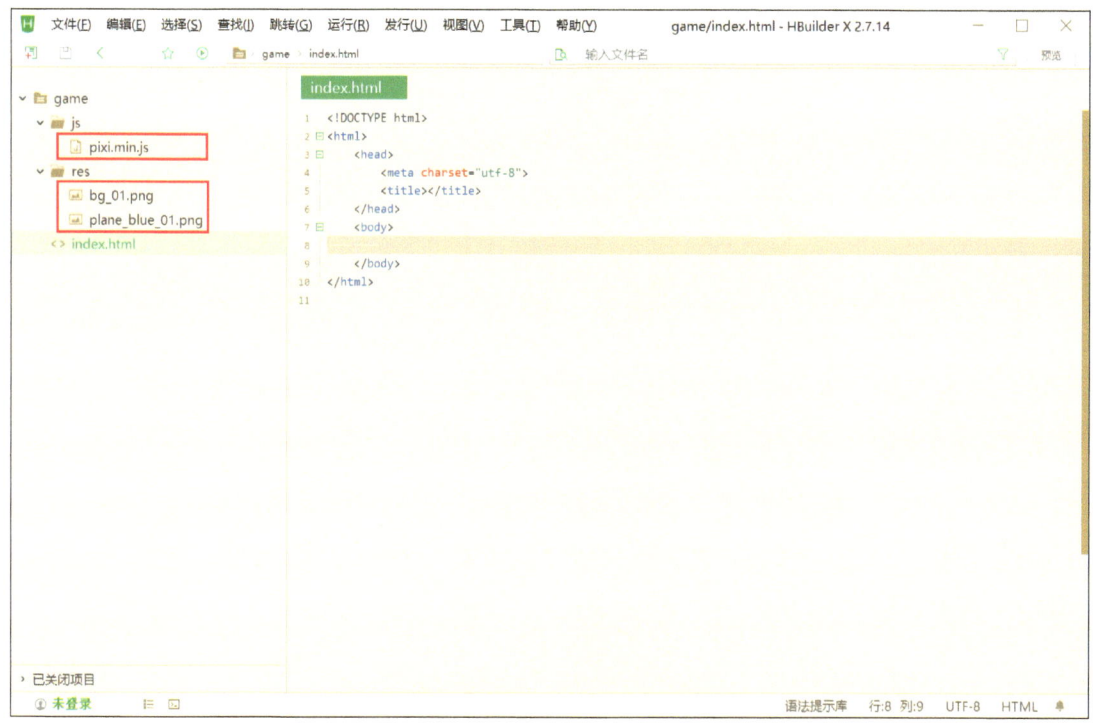

图 0-6 创建项目的目录结构

第 4 步：在项目的 index.html 文件中，通过 script 标签引入 PIXI 游戏引擎文件，并编写游戏代码，如图 0-7 所示。

第 5 步：运行程序。执行"运行"→"运行到浏览器"命令，并通过指定的浏览器来运行，如图 0-8 所示。

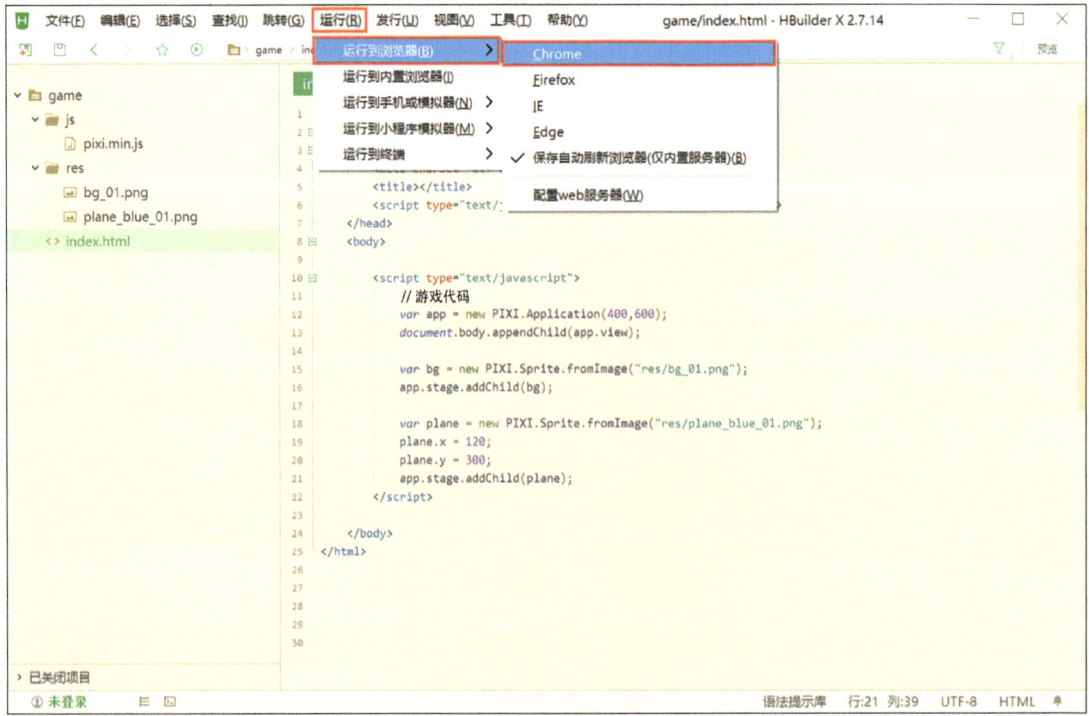

图 0-7 编写游戏代码

图 0-8 运行程序

游戏运行效果如图 0-9 所示。

图 0-9　游戏运行效果

模块 1
制作游戏界面

学习目标

1. 能够独立创建游戏显示界面。
2. 能够独立创建显示元素并添加到应用程序舞台。
3. 掌握 JavaScript 语言中变量的定义及赋值。
4. 理解 JavaScript 语言中顺序结构的特点。

学习情境

游戏界面主要由图片和文本两种显示元素组成。要完成游戏界面的制作，首先需要创建一个应用，即游戏窗口，然后在游戏窗口中添加显示元素并设置相应的属性，控制显示元素的展示效果。

本模块向游戏窗口中添加背景图片、云彩图片、飞机图片、得分文本、血条图片、道具图片等显示元素。飞机大战游戏的界面显示效果如图 1-1 所示。

要实现图 1-1 所示的效果，可以通过以下 4 个步骤：

1）创建应用。
2）创建图片。
3）创建文本。
4）丰富游戏界面。

图 1-1 飞机大战游戏的界面显示效果

注：本模块的完整代码详见教材配套资源"example/part1.html"。

实施步骤

1 创建应用。

创建应用也就是创建游戏窗口。以下代码示意了创建应用的过程。

```
// 创建应用，宽度为 512 像素、高度为 768 像素
// var app 表示定义一个应用对象 app
// new PIXI.Application(512,768) 表示创建一个应用
var app = new PIXI.Application(512,768);
// 将应用显示到浏览器页面
document.body.appendChild(app.view);
```

上述代码创建了一个宽度为 512 像素、高度为 768 像素的游戏窗口，该窗口默认为黑色背景色。运行效果如图 1-2 所示。

图 1-2 游戏窗口

2 创建图片。

游戏窗口创建完成后，接下来需要向游戏窗口中添加显示元素，实现游戏界面的展示。以下代码示意了创建图片显示元素的过程。

```
// 创建图片显示元素
// res/plane/bg/img_bg_level_3.jpg 为图片内容来源地址
// var bg 表示定义一个图片对象 bg
// new PIXI.Sprite.fromImage(" 图片内容来源地址 ") 表示创建一个图片对象
var bg = new PIXI.Sprite.fromImage("res/plane/bg/img_bg_level_3.jpg");
// 将名字为 bg 的图片显示到舞台上
// app.stage 表示应用程序的舞台
app.stage.addChild(bg);
```

上述代码创建了一张图片并显示到应用程序的舞台上，该图片用于充当游戏窗口的背景。应用程序的舞台也就是游戏窗口的显示区域，所有需要显示的元素必须都要放到舞台上。上述代码的运行效果如图 1-3 所示。

图 1-3 添加背景图片

3 创建文本。

以下代码示意了创建文本显示元素的过程。

```
// 创建文本显示元素，文本内容为 " 得分：00000"
// var score 表示创建一个变量，变量名为 score
// new PIXI.Text(" 得分：00000") 表示创建一个文本对象，并将该文本对象存储到名称为 score
// 的变量中
var score = new PIXI.Text(" 得分：00000");
```

```
// 设置名称为 score 文本的字体颜色为 0xffffff（白色）
score.style.fill = "0xffffff";
// 将名称为 score 的文本显示到舞台上
app.stage.addChild(score);
// 设置名称为 score 文本的 x 坐标为 310 像素
score.x = 310;
// 设置名称为 score 文本的 y 坐标为 10 像素
score.y = 10;
```

以上代码创建了一个文本显示元素，并设置了文本的字体颜色和显示位置，然后将文本显示到应用程序的舞台上，用于充当游戏中的得分显示。上述代码的运行效果如图 1-4 所示。

图 1-4 创建得分文本

变量

变量是存储信息的容器，通俗地讲，就是通过 var 定义的名称。

例如，上述步骤中分别创建了应用、图片和文本，其中，

var app:定义了应用的名称

var bg:定义了图片的名称

var score:定义了文本的名称

这些通过 var 定义的名称称为变量。

示例:

```
var app = new PIXI.Application(512,768);
document.body.appendChild(app.view);

var bg = new PIXI.Sprite.fromImage("res/plane/bg/img_bg_level_3.jpg ");
app.stage.addChild(bg);

var score = new PIXI.Text(" 得分:00000");
app.stage.addChild(score);
```

变量的命名规则如下:

1)变量名由字母、数字、下画线"_"、符号"$"组成,第一个字符不能是数字。

2)不能把 JavaScript 关键字和保留字作为变量名。

3)变量名对大小写敏感。

4 丰富游戏界面显示。

创建完背景图片和得分文本后,接下来将继续添加更多的显示元素并设置相应的属性,用于丰富游戏的展示界面。

```
// 云彩图片
var yun = new PIXI.Sprite.fromImage("res/texiao/yun02.png");
app.stage.addChild(yun);
yun.x = 20;  // 设置云彩图片的 x 坐标为 20 像素
yun.y = 130; // 设置云彩图片的 y 坐标为 130 像素

// 飞机图片
var plane = new PIXI.Sprite.fromImage("res/plane/plane_blue_01.png");
app.stage.addChild(plane);
plane.x = 200; // 设置飞机图片的 x 坐标为 200 像素
plane.y = 550; // 设置飞机图片的 y 坐标为 550 像素

// 血条背景图片
var hpBg = new PIXI.Sprite.fromImage("res/plane/ui/2_03.png");
app.stage.addChild(hpBg);
hpBg.y = 14; // 设置血条背景图片的 y 坐标为 14 像素
```

```
// 血条前景图片
var hpFg = new PIXI.Sprite.fromImage("res/plane/ui/3_03.png");
app.stage.addChild(hpFg);
hpFg.x = 33;  // 设置血条前景图片的 x 坐标为 33 像素
hpFg.y = 14;  // 设置血条前景图片的 y 坐标为 14 像素

// 血条图标
var hpPic = new PIXI.Sprite.fromImage("res/plane/ui/img_ui_16.png");
app.stage.addChild(hpPic);
hpPic.x = 10;  // 设置血条图标的 x 坐标为 10 像素
hpPic.y = 12;  // 设置血条图标的 y 坐标为 12 像素

// 道具图片
var item =
    new PIXI.Sprite.fromImage("res/plane/item/img_plane_item_15.png");
app.stage.addChild(item);
item.x = 100;  // 设置道具图片的 x 坐标为 100 像素
item.y = 300;  // 设置道具图片的 y 坐标为 300 像素
```

以上代码创建了云彩、飞机、血条、道具等显示元素，并通过 x、y 两个属性设置了显示元素的位置，然后将这些显示元素添加到应用程序的舞台上，丰富游戏案例的展示界面。上述代码的运行效果如图 1-5 所示。

图1-5 丰富游戏界面

模块 1　制作游戏界面

> 知识补充

1．应用程序

应用程序是 PIXI 引擎中通过 Application 对象创建的一个矩形显示区域，它将自动生成一个 HTML 的 Canvas 元素，然后在 Canvas 画布上显示图像。

应用程序相当于游戏的显示窗口，本模块通过向应用程序中添加指定的显示元素构成游戏显示界面。在移动端的游戏开发中，通过应用程序可以实现横屏游戏、竖屏游戏。

2．显示元素

图片是游戏界面的显示元素之一，应用程序通过添加图片，不仅可以丰富游戏的显示界面，而且可以呈现不同的视觉显示效果。

创建图片显示元素时，需要指定图片内容来源地址。图片内容来源地址对应图片的访问路径。图片访问路径的写法分为两种，分别为绝对路径和相对路径。

绝对路径：带有域名的文件的完整路径。

相对路径：当前网页所在位置到达目标文件所在位置的路径。

例如，在程序中，以下两种写法实现的效果完全相同。

```
// 绝对路径的写法
var plane = new PIXI.Sprite.fromImage("http://www.yyfun001.com/lesson/res/bg_01.png");

// 相对路径的写法
var plane = new PIXI.Sprite.fromImage("res/bg_01.png");
```

文本也是游戏界面的显示元素之一，通过向应用程序添加文本内容，可以实现记录得分、关卡提示信息等功能。此外，还可以通过文本显示元素的相关属性，动态调整文本显示内容及样式。

3．显示元素的属性

显示元素的属性用于控制显示元素的显示效果。例如，控制显示元素的宽度、高度、位置、缩放、旋转、透明度等。在本模块的游戏界面开发中，利用程序动态设置显示元素的属性，可以实现一些特定的界面展示效果。显示元素的常用属性见表 1-1。

表 1-1　显示元素的常用属性

属性级别	属性名称	作用
公共属性	x	设置元素的 x 坐标
公共属性	y	设置元素的 y 坐标
公共属性	width	设置元素的宽度
公共属性	height	设置元素的高度

(续)

属性级别	属性名称	作用
公共属性	rotation	设置元素旋转的弧度
公共属性	scale	设置元素的缩放比例
公共属性	visible	设置元素是否可见
公共属性	alpha	设置元素的透明度
文本属性	text	设置文本显示内容
文本属性	style	设置文本显示样式

下面对显示元素的常用属性进行详细的介绍。

(1) x、y

作用:设置元素的 x 坐标、y 坐标,用于控制元素的显示位置。

值的类型:数字。

使用方法:

```
var plane = new PIXI.Sprite.fromImage("res/plane_blue_01.png");
plane.x = 100;   // 设置水平方向的位置
plane.y = 200;   // 设置垂直方向的位置
app.stage.addChild(plane);
```

(2) width、height

作用:设置元素的宽度、高度,用于控制元素的显示大小。

值的类型:数字。

使用方法:

```
var plane = new PIXI.Sprite.fromImage("res/plane_blue_01.png");
plane.width = 100;   // 设置宽度
plane.height = 80;   // 设置高度
app.stage.addChild(plane);
```

(3) rotation

作用:设置元素旋转的弧度。

值的类型:数字。

使用方法:

```
var plane = new PIXI.Sprite.fromImage("res/plane_blue_01.png");
plane.rotation = 1;   // 设置旋转的角度为 1 弧度
app.stage.addChild(plane);
```

(4) scale

作用：设置元素的缩放比例。

值的类型：数字。

使用方法：

```
var plane = new PIXI.Sprite.fromImage("res/plane_blue_01.png");
plane.scale.x = 2;  // 水平方向放大为原来的2倍
plane.scale.y = 2;  // 垂直方向放大为原来的2倍
app.stage.addChild(plane);
```

注：如果设置plane.scale.x或plane.scale.y为-1，则可实现图片水平或垂直翻转。

(5) visible

作用：设置元素是否可见。

值的类型：布尔型。

使用方法：

```
var plane = new PIXI.Sprite.fromImage("res/plane_blue_01.png");
plane.visible = true;  // 设置元素可见
app.stage.addChild(plane);
```

(6) alpha

作用：设置元素的透明度。

值的类型：数字。

使用方法：

```
var plane = new PIXI.Sprite.fromImage("res/plane_blue_01.png");
plane.alpha = 0.5;  // 设置元素的透明度为0.5
app.stage.addChild(plane);
```

(7) text

作用：设置文本显示内容。

值的类型：字符串。

使用方法：

```
var score = new PIXI.Text(" 得分：10000");
score.text = " 飞机大战真好玩！";  // 设置显示内容
app.stage.addChild(score);
```

(8) style

作用：设置文本显示样式。

值的类型：文本。

使用方法：

```
var score = new PIXI.Text("得分：10000");
score.style.fill = 0xffffff；// 设置字体的颜色
score.style.fontSize = 50；// 设置字体的大小
score.style.fontWeight = "bold"；// 加粗
score.style.fontStyle = "italic"；// 斜体
score.style.fontFamily = "隶书"；// 设置字体
app.stage.addChild(score);
```

拓展练习

运用学习到的知识完成以下拓展任务。

1．拓展任务 1：屏幕保护系统。运行效果如图 1-6 所示。

图 1-6　屏幕保护系统

要求：

1）创建一个名为 app 的应用，宽度为 500 像素、高度为 350 像素。

2）制作系统显示效果：添加背景图片、气泡图片、文本显示内容。

3）气泡图片位置，x 为 370 像素，y 为 170 像素。

4）文本显示内容为"屏幕保护系统"。

2．拓展任务 2：拼竹子。运行效果如图 1-7 所示。

模块1　制作游戏界面

图1-7　拼竹子

要求：

1）创建一个名为app的应用，宽度为400像素、高度为430像素。

2）添加背景图片。

3）使用一节竹子图片，制作出图1-7中的效果。

3．拓展任务3：赛车游戏。运行效果如图1-8所示。

图1-8　赛车游戏

要求：

1）创建一个名为 app 的应用，宽度为 480 像素、高度为 800 像素。

2）添加背景图片、车辆图片。

 图片的位置可以根据实际预览效果估算。

4．拓展任务 4：类植物大战僵尸。运行效果如图 1-9 所示。

图 1-9　类植物大战僵尸

要求：

1）创建一个名为 app 的应用，宽度为 1008 像素、高度为 640 像素。

2）按照图 1-9 所示的显示效果，添加背景图片、物品栏图片、僵尸图片。

3）阳光数量是文本显示元素。

5．拓展任务 5：跑酷游戏。运行效果如图 1-10 所示。

图 1-10　跑酷游戏

要求：

1）创建一个名为 app 的应用，宽度为 800 像素、高度为 400 像素。
2）添加天空、海面、地面图片，分别设置图片的位置。
3）添加角色、金币、障碍物图片，分别设置图片的位置。
4）添加"跳跃"按钮、"下蹲"按钮图片，分别设置图片的位置。

 图片的位置可以根据实际预览效果估算。

模块 2
添加游戏控制

学习目标

1. 能够通过鼠标控制显示元素。
2. 能够实现显示元素的鼠标跟随效果。
3. 掌握 JavaScript 语言中事件的使用。
4. 能够通过鼠标事件对象获得鼠标的坐标信息。

学习情境

游戏控制是指通过鼠标控制显示元素的状态。要实现这一功能，首先需要给显示元素添加鼠标事件，然后在事件被触发时控制显示元素的状态。

本模块首先给背景图片添加鼠标移动事件并获得鼠标的坐标信息，然后通过鼠标坐标控制飞机图片的移动，实现飞机图片的鼠标跟随效果，如图 2-1 所示。

要实现图 2-1 所示的效果，可以分为以下 3 个步骤：

1）制作飞机图片鼠标跟随。
2）设置飞机图片的锚点坐标。
3）给飞机图片添加僚机。

图 2-1 飞机图片的鼠标跟随效果

注：本模块的完整代码详见教材配套资源"example/part2.html"。

实施步骤

 制作飞机图片鼠标跟随。

在模块1中已经完成了游戏界面的制作，下面给显示元素添加鼠标事件，实现飞机图片的鼠标跟随效果。

在实现飞机图片的鼠标跟随效果之前，必须要先了解鼠标事件、获得鼠标坐标的方法、鼠标跟随等知识。

知识链接

鼠标事件

通过鼠标事件可以控制显示元素的变化。常用鼠标事件见表2-1。

表2-1 常用鼠标事件

事件	作用
click	鼠标单击某个显示元素
mousemove	鼠标指针在某个显示元素中移动
mousedown	在某个显示元素之上，按下鼠标按键
mouseup	在某个显示元素之上，松开鼠标按键
mouseover	鼠标指针被移动到某个显示元素之上
mouseout	鼠标指针从某个显示元素之上离开

例如，通过鼠标click事件，控制飞机向右移动。代码如下：

```
// 创建应用
var app = new PIXI.Application(400,400);
document.body.appendChild(app.view);

// 背景图片
var bg = new PIXI.Sprite.fromImage("res/plane/bg/img_bg_level_3.jpg");
app.stage.addChild(bg);

// 飞机图片
var plane = new PIXI.Sprite.fromImage("res/plane/main/img_plane_enemy_04.png");
app.stage.addChild(plane);
```

```
// 开启背景图片 bg 的事件交互功能，否则鼠标点击事件不起作用
bg.interactive = true;
// 添加鼠标事件，当单击背景图片 bg 时，通知计算机执行 move 函数
// click 代表鼠标事件的名称
// move 是鼠标单击背景图片 bg 时要执行的函数名称
bg.on("click", move);
// 定义 move 函数，控制飞机的移动
// function 表示定义一个函数
// move 是函数的名称
// 左花括号，代表函数的开始
// 右花括号，代表函数的结束
function move(){
    // 函数的功能：控制飞机图片 plane 的 x 坐标每次增加 10 像素
    // 注意：函数中的代码只有在函数被调用时才会执行
    plane.x += 10;
}
```

注：关于函数的更多知识，会在后面作详细介绍。

知识链接

获得鼠标坐标的方法

通过鼠标事件，可以获得鼠标坐标，也就是鼠标的 x、y 坐标。

示例：

```
// 创建应用
var app = new PIXI.Application(400,400);
document.body.appendChild(app.view);

// 背景图片
var bg = new PIXI.Sprite.fromImage("res/bg_02.png");
app.stage.addChild(bg);

// 开启背景图片 bg 的事件交互功能
bg.interactive = true;
// 添加鼠标事件
bg.on("click", movePlane);
// 定义 movePlane 函数，获得鼠标坐标
```

```
// event 代表当前鼠标的事件，该事件中存储了鼠标的相关信息
function movePlane(event) {
    // 获得鼠标信息，并存储到 pos 变量中
    var pos = event.data.getLocalPosition(app.stage);
    // 通过 pos 获得鼠标的 x 坐标
    var x = pos.x;
    // 通过 pos 获得鼠标的 y 坐标
    var y = pos.y;
    // 在浏览器控制台上输出鼠标的 x、y 坐标值。
    console.log("x="+x+", y="+y);
}
```

注：

1）任何一个鼠标事件都可以通过上述代码获得鼠标坐标。

2）在使用控制台输出时，控制台需要可见（在浏览器中按<F12>键打开控制台）。

**知识链接**

鼠标跟随

鼠标跟随就是控制显示元素跟随鼠标一起移动。例如，通过鼠标 mousemove 事件，实现飞机图片的鼠标跟随效果。代码如下：

```
// 创建应用
var app = new PIXI.Application(400,400);
document.body.appendChild(app.view);

// 背景图片
var bg = new PIXI.Sprite.fromImage("res/plane/bg/img_bg_level_3.jpg");
app.stage.addChild(bg);

// 飞机图片
var plane = new PIXI.Sprite.fromImage("res/plane_blue_01.png");
app.stage.addChild(plane);

// 开启背景图片 bg 的事件交互功能
bg.interactive = true;
// 添加鼠标事件
bg.on("mousemove", movePlane);
```

```
// 定义 movePlane 函数
// 通过鼠标坐标设置飞机图片 plane 的坐标，实现飞机图片的鼠标跟随效果
function movePlane(event) {
    // 获得鼠标信息，并存储到 pos 变量中
    var pos = event.data.getLocalPosition(app.stage);
    // 设置飞机图片的 x 坐标等于鼠标的 x 坐标
    plane.x = pos.x;
    // 设置飞机图片的 y 坐标等于鼠标的 y 坐标
    plane.y = pos.y;
}
```

注：鼠标 mousemove 事件是一个比较特殊的事件。因为该事件不管添加给哪一个显示元素，最终都由应用程序窗口响应该事件。

理解了鼠标事件、获得鼠标坐标的方法、鼠标跟随等知识后，接下来在模块 1 完成的游戏代码的基础上，继续编写如下内容，实现飞机图片的鼠标跟随效果。

```
// 开启背景图片 bg 的事件交互功能
bg.interactive = true;
// 添加鼠标事件
bg.on("mousemove", planeMove);
// 定义 planeMove 函数
// 通过鼠标坐标设置飞机图片 plane 的坐标，实现飞机图片的鼠标跟随效果
function planeMove(event) {
    // 获得鼠标信息，并存储到 pos 变量中
    var pos = event.data.getLocalPosition(app.stage);
    // 设置飞机图片的 x 坐标等于鼠标的 x 坐标
    plane.x = pos.x;
    // 设置飞机图片的 y 坐标等于鼠标的 y 坐标
    plane.y = pos.y;
}
```

以上代码开启了背景图片 bg 的事件交互功能并添加了鼠标 mousemove 事件，当该事件被触发时，将通知计算机执行 planeMove 函数。在 planeMove 函数中，首先获取鼠标信息并存储到 pos 变量中，然后将鼠标的 x、y 坐标分别设置给飞机图片 plane 的 x、y 坐标，从而实现飞机图片的鼠标跟随效果，如图 2-2 所示。

图 2-2 飞机图片的鼠标跟随

2 设置飞机图片的锚点坐标。

步骤 1 虽然实现了飞机图片的鼠标跟随效果，但在鼠标跟随的过程中鼠标指针一直停留在飞机图片的左上角。通过设置飞机图片的锚点坐标，可以使鼠标指针停留在飞机图片的中心位置。

 知识链接

设置锚点

显示元素的锚点也叫作定位点。当通过 x、y 坐标设置显示元素的位置时，显示元素是以哪个点来对应 x、y 坐标，那么该点就是锚点。

显示元素锚点的默认位置为显示元素的左上角，如图 2-3 所示。

在图 2-3 中，飞机图片的坐标为 x=200、y=100。在默认情况下，是飞机图片的左上角对应该坐标。所以，图片的左上角就是该图片锚点的默认位置。

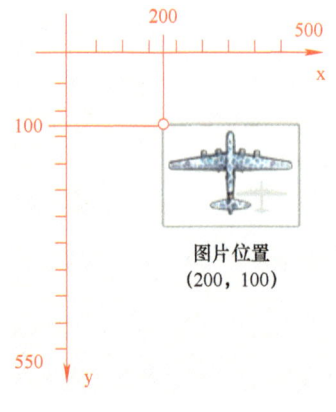

图 2-3 显示元素锚点

可以通过代码来更改图片锚点的位置：

```
plane.anchor.x = 值  // 设置 x 方向的锚点位置
plane.anchor.y = 值  // 设置 y 方向的锚点位置
```

或者

plane.anchor.set(值 , 值) // 同时设置 x、y 方向锚点的位置

锚点的取值是有一定范围的,如图 2-4 所示。

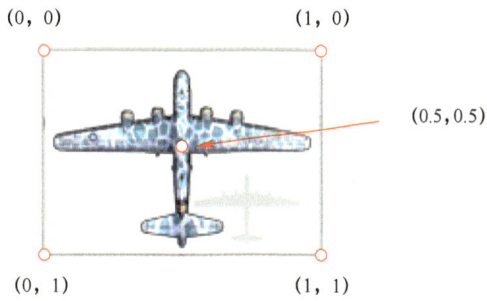

图 2-4 锚点的取值范围

在图 2-4 中,飞机图片的锚点位置如下。

图片左上角对应锚点位置:plane.anchor.x=0,plane.anchor.y=0 或 plane.anchor.set(0,0)。

图片右上角对应锚点位置:plane.anchor.x=1,plane.anchor.y=0 或 plane.anchor.set(1,0)。

图片左下角对应锚点位置:plane.anchor.x=0,plane.anchor.y=1 或 plane.anchor.set(0,1)。

图片右下角对应锚点位置:plane.anchor.x=1,plane.anchor.y=1 或 plane.anchor.set(1,1)。

图片中心点对应锚点位置:plane.anchor.x=0.5,plane.anchor.y=0.5 或 plane.anchor.set(0.5,0.5)。

注:锚点的位置并不是固定的,可以任意设置。锚点的取值范围是 0~1。

理解了锚点的作用及使用方法后,接下来设置飞机图片的锚点坐标。找到添加飞机图片的代码,在其后添加设置飞机图片锚点坐标的代码。

```
// 飞机图片
var plane = new PIXI.Sprite.fromImage("res/plane/plane_blue_01.png");
app.stage.addChild(plane);
plane.x = 200;
```

```
plane.y = 550;
// 设置飞机图片的锚点坐标
plane.anchor.x = 0.5;  // 设置飞机图片 x 方向的锚点位置
plane.anchor.y = 0.5;  // 设置飞机图片 y 方向的锚点位置
```

以上代码设置了案例游戏中飞机图片 plane 的锚点坐标，将锚点设置为图片的中心点。在飞机图片鼠标跟随的过程中，实现鼠标指针停留在飞机图片的中心位置，如图 2-5 所示。

图 2-5　设置飞机图片的锚点坐标

 给飞机图片添加僚机。

实现了飞机图片鼠标跟随之后，接下来给飞机图片添加左右两个僚机。在实现这一功能之前，必须要先了解添加显示元素及图层等知识。

知识链接

将显示元素添加给其他显示元素

显示元素不仅可以添加给舞台，也可以添加给其他显示元素。例如，给飞机图片 plane 左右各添加了一架僚机。代码如下：

```
// 创建应用
var app = new PIXI.Application(500,700);
document.body.appendChild(app.view);
```

```
// 背景图片
var bg = new PIXI.Sprite.fromImage("res/plane/bg/img_bg_level_3.jpg");
app.stage.addChild(bg);  // 将背景图片 bg 添加给舞台

// 飞机图片
var plane = new PIXI.Sprite.fromImage("res/plane_blue_01.png");
plane.anchor.set(0.5,0.5);
app.stage.addChild(plane);  // 将飞机图片 plane 添加给舞台

// 左侧僚机图片
var leftPlane = new PIXI.Sprite.fromImage("res/plane/liaoji_01_11.png");
leftPlane.anchor.set(0.5,0.5);
leftPlane.x = -100;
leftPlane.y = 60;
// 将左侧僚机图片 leftPlane 添加给飞机图片 plane
plane.addChild(leftPlane);

// 右侧僚机图片
var rightPlane = new PIXI.Sprite.fromImage("res/plane/liaoji_01_11.png");
rightPlane.anchor.set(0.5,0.5);
rightPlane.x = 100;
rightPlane.y = 60;
// 将右侧僚机图片 rightPlane 添加给飞机图片 plane
plane.addChild(rightPlane);

// 通过鼠标事件实现飞机图片的鼠标跟随
bg.interactive = true;
bg.on("mousemove", movePlane);
function movePlane(event) {
    var pos = event.data.getLocalPosition(app.stage);
    plane.x = pos.x;
    plane.y = pos.y;
}
```

上述代码当将两个僚机图片添加给飞机图片，有两点需要注意：

1）两个僚机图片会随着飞机图片的移动而移动。

2）两个僚机图片的 x、y 坐标是以飞机图片的锚点为参照点的，如图 2-6 所示。

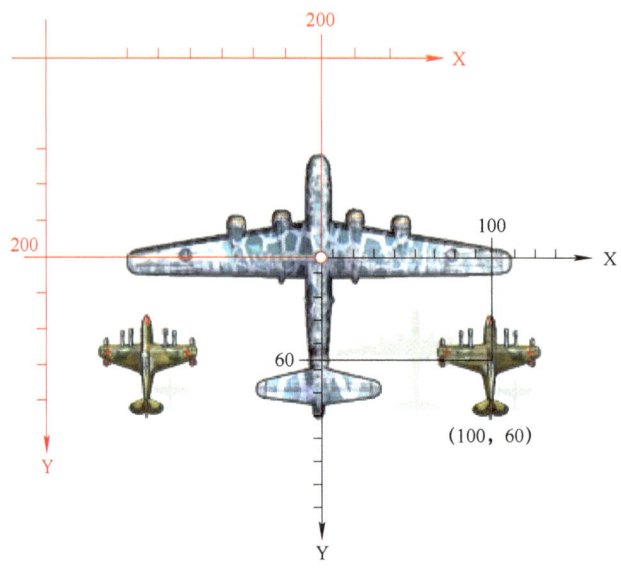

图 2-6　僚机图片以飞机图片的锚点为参照点

 知识链接

图层与显示效果

在游戏界面添加显示元素时，默认情况下，后添加的显示元素会遮挡住先添加的显示元素，但也有一些例外的情况。

示例：

```
// 创建应用
var app = new PIXI.Application(500,500);
document.body.appendChild(app.view);

// 飞机图片
var plane = new PIXI.Sprite.fromImage("res/plane_blue_01.png");
plane.anchor.set(0.5,0.5);
plane.x = 200;
plane.y = 200;
app.stage.addChild(plane);

// 云彩图片
var yun = new PIXI.Sprite.fromImage("res/texiao/yun01.png");
yun.anchor.set(0.5,0.5);
```

```
yun.x = 240;
yun.y = 300;
app.stage.addChild(yun);

// 爆炸图片
var boom = new PIXI.Sprite.fromImage("res/texiao/bao01.png");
boom.anchor.set(0.5,0.5);
plane.addChild(boom);
```

上述代码的运行效果如图 2-7 所示。

图 2-7 示例运行效果

在上面的示例中，爆炸图片 boom 是最后添加的显示元素，可是却没有显示在游戏界面的最顶层。原因在于，爆炸图片 boom 并没有添加给舞台，而是添加给了飞机图片 plane。结果是 boom 和 plane 两张图片出现在同一图层，如图 2-8 所示。

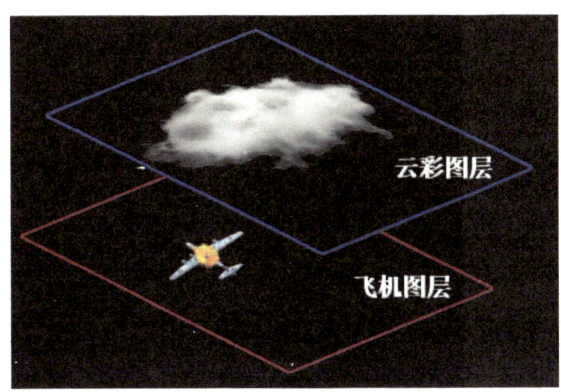

图 2-8 图片图层

理解了添加显示元素及图层等知识后，接下来给案例游戏中的飞机图片添加左右僚机。

在添加飞机图片的代码下方,添加如下代码:

```
// 添加左侧僚机
var planeLeft = new PIXI.Sprite.fromImage("res/plane/liaoji_02_11.png");
plane.addChild(planeLeft); // 将左侧僚机图片 planeLeft 添加给飞机图片 plane
planeLeft.anchor.x = 0.5;
planeLeft.anchor.y = 0.5;
planeLeft.x = -80;
planeLeft.y = 50;

// 添加右侧僚机
var planeRight = new PIXI.Sprite.fromImage("res/plane/liaoji_02_11.png");
plane.addChild(planeRight); // 将右侧僚机图片 planeRight 添加给飞机图片 plane
planeRight.anchor.x = 0.5;
planeRight.anchor.y = 0.5;
planeRight.x = 80;
planeRight.y = 50;
```

以上代码实现给案例游戏中的飞机图片 plane 分别添加左侧僚机图片 planeLeft 和右侧僚机图片 planeRight。因为这三个飞机图片处于同一图层,所以在飞机图片移动时,两个僚机的图片也会随着飞机图片一起移动,如图 2-9 所示。

图 2-9 给飞机图片添加僚机

模块 2　添加游戏控制

> 知识补充

1. 事件

事件是可以被 JavaScript 侦测到的行为，它可以是浏览器行为，也可以是用户行为。当在某个元素上添加一个事件时，根据事件执行的前后可以把它当成一个事件流。事件流包括三个阶段：捕获阶段、目标阶段、冒泡阶段。

应用程序中的所有元素都可以添加事件，本模块通过给背景图片显示元素添加鼠标移动事件并获得鼠标坐标，控制飞机显示元素实现鼠标跟随效果。

2. 触屏事件

触屏事件是指通过手指触碰屏幕来控制显示元素的变化。常用触屏事件见表 2-2。

表 2-2　常用触屏事件

事件	作用
touchstart	手指触碰屏幕
touchend	手指离开屏幕
touchmove	手指在屏幕上滑动

例如，通过鼠标事件与触屏事件控制小汽车向上移动。代码如下：

```
// 创建应用
var app = new PIXI.Application(500,600);
document.body.appendChild(app.view);

// 背景图片
var bg = new PIXI.Sprite.fromImage("res/lianxi/carplay/bj.png");
app.stage.addChild(bg);

// 小汽车图片
var car = new PIXI.Sprite.fromImage("res/lianxi/carplay/car.png");
car.anchor.set(0.5,0.5);
car.x = 250;
car.y = 500;
app.stage.addChild(car);
```

```
// 开启背景图片 bg 的事件交互功能，否则鼠标事件、触屏事件都不起作用
bg.interactive = true；
// 给背景图片 bg 添加 touchstart 事件，让程序监听触屏操作
bg.on("touchstart",moveCar);
// 给背景图片 bg 添加 click 事件，让程序监听鼠标操作
bg.on("click",moveCar);
// 定义 moveCar 函数，控制小汽车的移动
// 当单击或手指触碰背景图片 bg 时，计算机会执行 moveCar 函数
// function 表示定义一个函数
// moveCar 是函数的名称
// 左花括号代表函数的开始
// 右花括号代表函数的结束
function moveCar(){
    // 函数的功能：控制小汽车图片 car 的 y 坐标每次递减 10 像素
    car.y -= 10；
}
```

注：给背景图片bg同时添加click、touchstart事件，可以让程序同时监听鼠标和触屏两种操作。

拓展练习

运用学习到的知识完成以下拓展任务。

1. 拓展任务 1：类植物大战僵尸——收阳光。运行效果如图 2-10 所示。

图 2-10 类植物大战僵尸——收阳光

要求：

1）创建一个名为 app 的应用，宽度为 1008 像素、高度为 640 像素。

2）参照图 2-10 所示的显示效果，添加相应的显示元素。

3）单击游戏界面中的小太阳时，被单击的小太阳消失。

提示 太阳图片消失的办法是当单击太阳图片时，设置太阳图片隐藏。

2．拓展任务 2：类恐龙快打（控制角色方向）。运行效果如图 2-11 所示。

图 2-11　类恐龙快打（控制角色方向）

要求：

1）创建一个名为 app 的应用，宽度为 740 像素、高度为 460 像素。

2）参照图 2-11 所示的效果，添加相应的显示元素。

3）当单击方向按钮时，控制人物向对应的方向移动。

3．拓展任务 3：斗地主手牌选择。运行效果如图 2-12 所示。

图 2-12　斗地主手牌选择

要求：

1）创建一个名为 app 的应用，宽度为 1008 像素、高度为 640 像素。

2）参照图 2-12 所示的显示效果，添加相应的显示元素。

3）当单击纸牌时，纸牌位置发生变化，展现选择出牌效果。

提示 可参考当鼠标移入图片时变成小手样式的实现方法（poker1.buttonMode = true;）。

4．拓展任务4：大鱼吃小鱼。运行效果如图2-13所示。

要求：

1）创建一个名为app的应用，宽度为500像素、高度为350像素。

2）参照图2-13所示的显示效果，添加相应的显示元素。

3）移动鼠标，大鱼跟随鼠标移动。

5．拓展任务5：反恐重击。运行效果如图2-14所示。

图2-13　大鱼吃小鱼

图2-14　反恐重击

要求：

1）创建一个名为app的应用，宽度为800像素、高度为600像素。

2）参照图2-14所示的显示效果，添加相应的显示元素。

3）控制准星图片跟随鼠标移动。

4）当单击背景图片时，在单击位置显示弹痕图片。

5）在界面的左下角处，动态显示准星图片的x和y坐标。

6．拓展任务6：类合金弹头人物移动。运行效果如图2-15所示。

图2-15　类合金弹头人物移动

要求：

1）创建一个名为 app 的应用，宽度为 700 像素、高度为 400 像素。

2）参照图 2-15 所示的显示效果，添加背景图片、左右两个方向按钮。

3）创建人物上半身图片并添加给舞台。

4）创建人物下半身图片并添加给上半身，通过控制人物上半身，实现整个人物的动画效果。

5）当单击方向按钮时，控制人物向对应的方向移动，实现人物图片实现水平翻转的效果。

 鼠标移入图片时，变成小手样式的实现方法（leftButton.buttonMode = true;）。

7. 拓展任务 7：制作弹出界面。运行效果如图 2-16 所示。

图 2-16 弹出界面

要求：

1）创建两个按钮，分别为"商城"和"拍卖"。

2）当单击相应按钮时，打开"商城"面板或"拍卖"面板。

3）在"商城"面板中，添加标题文字"商城"、道具图片及道具的价格。

4）在"拍卖"面板中，添加标题文字"拍卖"，以及文字描述"拍卖功能暂未开启！敬请期待"。

5）在两个面板的右上角分别加入"关闭"按钮，当单击此按钮时，关闭面板。

模块 3
制作单元素动画

学习目标

1. 理解动画的原理,并能够通过帧频函数实现单元素动画。
2. 掌握 JavaScript 语言中 if 条件语句的使用。
3. 掌握 JavaScript 语言中逻辑运算符的使用。
4. 能够独立制作飞机发射子弹的动画。

学习情境

单元素动画是指利用程序实现单个显示元素的动画展示效果。要完成单元素动画的制作,首先需要为当前应用程序添加帧频函数,然后利用帧频函数控制显示元素的属性连续发生变化从而实现动画效果。

本模块首先为应用程序添加帧频函数,然后通过帧频函数控制子弹图片向上移动,当子弹图片超出窗口上边界时,再控制子弹图片重新回到飞机图片所在位置并继续向上移动,实现飞机发射子弹的动画效果,如图 3-1 所示。

要实现图 3-1 所示的效果,可以分为以下 2 个步骤:

1)制作子弹移动动画。
2)飞机发射子弹。

图 3-1 飞机发射子弹的效果

> 注：本模块的完整代码详见教材配套资源"example/part3.html"。

实施步骤

 制作子弹移动动画。

在模块 2 中已经完成了案例游戏中飞机图片鼠标跟随效果的制作，下面来添加子弹图片并通过帧频函数实现子弹图片的移动动画。在实现子弹图片动画之前，先来了解动画的原理及帧频函数等知识。

知识链接

动画的原理

动画是把一个连续的动作分解成许多个动作瞬间的画面，然后，将这许多个画面连续地切换，就会给人造成一种流畅的视觉变化效果。例如，单击背景图片，飞机就会向上移动 3 像素，代码如下：

```
var app = new PIXI.Application(500,500);
document.body.appendChild(app.view);

var bg = new PIXI.Sprite.fromImage("res/plane/bg/img_bg_level_3.jpg");
app.stage.addChild(bg);

var plane =
    new PIXI.Sprite.fromImage("res/plane/main/img_plane_main_06.png");
app.stage.addChild(plane);

plane.x = 0;
plane.y = 300;

// 单击背景图片，飞机向上移动 3 像素
bg.interactive = true;
bg.on("click", move);
function move() {
    plane.y -= 3;
}
```

运行上述代码，快速并连续单击背景图片，就会形成一个飞机连续向上移动的动画效果，如图 3-2 所示。

模块 3 制作单元素动画

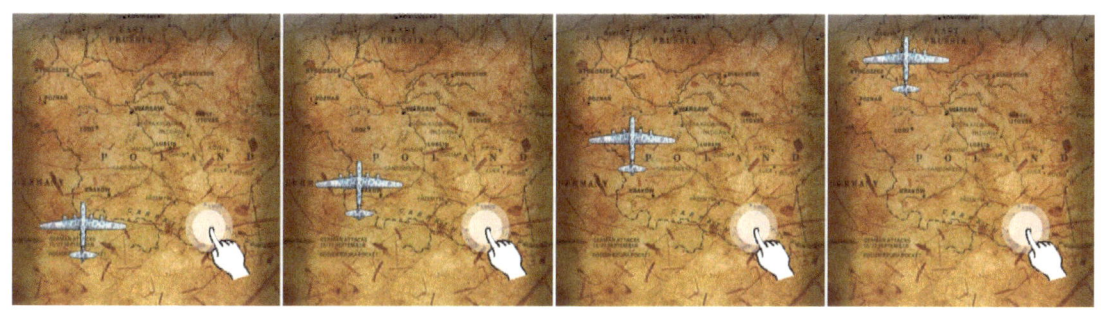

图 3-2 飞机上移动画

如果将上例的手动控制飞机移动改为自动控制,那么就可以实现一个真正的动画,这种动画称为帧频动画。

知识链接

帧频函数及其使用

帧频函数是应用程序提供的一个功能函数,用于实现程序中的帧频动画。

帧频函数具有以下两个特点:

1) 帧频函数添加后,由系统自动调用。
2) 帧频函数通常每秒被重复调用 60 次。

注:帧频函数的调用频率与显示器的刷新频率相对应,例如显示器的刷新频率为 60Hz,则帧频函数将每秒被重复调用 60 次。

在程序中,添加帧频函数的方法如下:

```
var app = new PIXI.Application(500,700);
document.body.appendChild(app.view);

// 给应用程序添加帧频函数
app.ticker.add( 帧频函数名 );
function 帧频函数名 (){
  帧频函数被调用时执行的代码;
}
```

例如,通过帧频函数实现飞机连续向下移动的动画效果,代码如下:

```
var app = new PIXI.Application(500,700);
document.body.appendChild(app.view);

var plane =
```

```
    new PIXI.Sprite.fromImage("res/plane/main/img_plane_enemy_04.png");
app.stage.addChild(plane);

// 添加帧频函数
// app.ticker.add() 用于给应用程序添加帧频函数
// animate 为自定义的帧频函数名称
app.ticker.add(animate);
// 定义 animate 函数，实现帧频动画
function animate() {
    // 控制飞机图片 plane 的 y 坐标增加
    plane.y += 1;
}
```

注：帧频函数不仅可以控制显示元素 x、y 坐标的变化，也可以控制显示元素的大小、透明度、显示内容等的变化。

理解了动画原理及帧频函数等知识后，接下来在模块 2 完成的案例代码的基础上，继续编写如下内容，实现子弹图片移动的动画效果。

在飞机图片的代码下方，添加如下内容：

```
// 子弹图片
var bullet = new PIXI.Sprite.fromImage("res/plane/bullet_02.png");
app.stage.addChild(bullet);
bullet.anchor.x = 0.5;
bullet.anchor.y = 0.5;
bullet.x = plane.x;
bullet.y = plane.y - 100;
```

上述代码实现在案例游戏的界面中添加一个子弹图片 bullet，该图片出现在飞机图片 plane 的默认显示位置。

在所有代码的最后，添加如下内容：

```
// 帧频函数
app.ticker.add(animate);
function animate() {
    // 子弹移动动画
    bullet.y -= 10;
}
```

上述代码的功能是给应用程序添加帧频函数，通过帧频函数控制子弹图片 bullet 的 y 坐标每次递减 10 像素，也就是控制子弹图片向上移动，如图 3-3 所示。

模块3 制作单元素动画

图 3-3 子弹移动动画

2 飞机发射子弹。

步骤 **1** 虽然实现了子弹图片的移动动画，可是在子弹图片超出窗口上边界时，子弹图片就消失不见了。在程序中添加判断语句，可以实现子弹图片超出窗口上边界时，控制子弹图片重新回到飞机图片所在位置并继续向上移动，实现飞机发射子弹的动画效果。

判断语句

判断语句是在程序执行过程中判断给定的条件是否成立，根据判断结果执行不同的操作，从而改变代码的执行顺序，实现更多的功能，如图3-4所示。

在图3-4中，程序开始向下执行，判断给定的条件是否成立，如果条件成立，则执行"语句A"，否则执行"语句B"，最后程序结束。

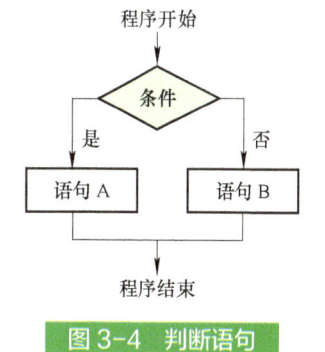

图 3-4 判断语句

if 条件语句

判断语句有多种实现方式，最常用的就是if条件语句。if条件语句在程序运行中提供判断的功能，语法格式也有多种写法，下面逐个进行介绍。

— 45 —

(1) if 结构

```
if( 条件 ){
    当条件成立时执行的代码
}
```

例如，通过使用 if 结构判断飞机是否超出窗口下边界，如果超出窗口下边界，则自动回到窗口的顶端。代码如下：

```
var app = new PIXI.Application(400,400);
document.body.appendChild(app.view);

var plane = new PIXI.Sprite.fromImage("res/plane/main/img_plane_enemy_04.png");
app.stage.addChild(plane);

app.ticker.add(animate);
function animate() {
    plane.y += 1;
    // 判断飞机图片的位置
    // 如果飞机图片 plane 的 y 坐标大于 400，则将其 y 坐标重新设置为 -100
    // if 代表当前是判断语句
    // plane.y > 400 是 if 判断语句的条件
    // 左右花括号代表判断语句的开始与结束
    // plane.y = -100 则是 if 判断语句在条件成立时，将要执行的代码
    if(plane.y > 400) {
        plane.y = -100;
    }
}
```

(2) if-else 结构

```
if( 条件 1){
    当条件 1 成立时执行的代码;
}
else{
    当条件 1 不成立时执行的代码;
}
```

例如，使用 if-else 结构，判断飞机是否在移动。如果飞机正在移动，那么就让飞机停止；否则，就让飞机向下移动。代码如下：

```
var app = new PIXI.Application(500,700);
document.body.appendChild(app.view);
```

```
var bg = new PIXI.Sprite.fromImage("res/bg_02.png");
app.stage.addChild(bg);

var plane = new PIXI.Sprite.fromImage("res/plane/main/img_plane_enemy_04.png");
app.stage.addChild(plane);

// 飞机的移动速度
var speed = 0;

app.ticker.add(animate);
function animate() {
    plane.y += speed;
}


bg.interactive = true;
bg.on("click",function(){
    // 判断飞机的速度
    // 如果变量 speed 的值等于 0，则让其等于 1，否则就等于 0
    if(speed == 0){
        speed = 1;
    }
    else{
        speed = 0;
    }
});
```

(3) if-else if-else 结构

```
if( 条件 1){
  当条件 1 成立时执行的代码;
}
else if( 条件 2){
  当条件 2 成立时执行的代码;
}
else if( 条件 3){
  当条件 3 成立时执行的代码;
}
else{
  当条件 1、条件 2、条件 3 都不成立时执行的代码;
}
```

例如，使用 if-else if-else 结构根据变量 age 不同的值，在控制台显示不同的文字内容。

代码如下：

```
var age = 20;

// 判断变量 age 的值
// 当前 if 判断语句存在多个判断条件，哪个条件成立，则执行哪个条件对应的代码
// 如果上述所有条件都不成立，那么程序将执行 else 中的代码
if(age == 1){
    console.log(" 出场亮相 ");
}
else if(age == 10){
    console.log(" 天天向上 ");
}
else if(age == 20){
    // 最终显示结果
    console.log(" 远大理想 ");
}
else if(age == 30){
    console.log(" 基本定向 ");
}
else{
    console.log(" 不知道 ");
}
```

 知识链接

飞机发射子弹

制作飞机发射子弹的动画，就是在制作子弹的移动动画。该功能在代码实现上有两点需要注意。

1）子弹与飞机的位置关系。子弹图片与飞机图片首次出现时，必须要出现在同一位置，这样才能感觉子弹是由飞机发射出去的，如图 3-5 所示。

2）子弹移动动画。子弹图片向上移动，当超出游戏窗口范围时要将子弹图片重新设置到飞机图片位置，重新发射。这样才能形成飞机连续发射子弹的动画效果，如图 3-6 所示。

图 3-5 子弹与飞机的初始位置

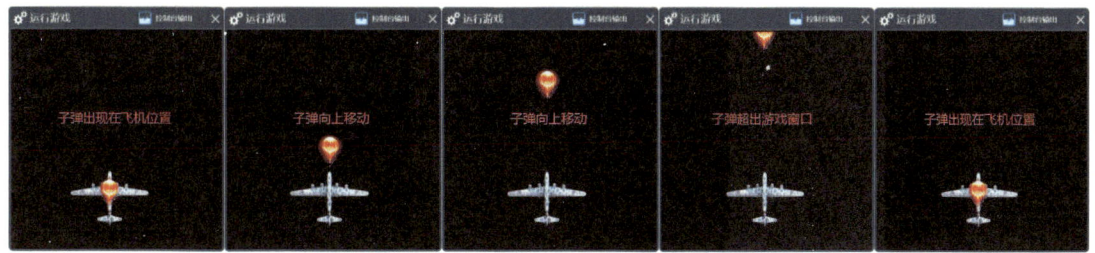

图 3-6 飞机连续发射子弹的动画效果

```
var app = new PIXI.Application(400,400);
document.body.appendChild(app.view);

// 飞机图片
var plane = PIXI.Sprite.fromImage("res/plane/plane_blue_01.png");
// 设置飞机图片的坐标位置
plane.x = 200;
plane.y = 300;
plane.anchor.set(0.5,0.5);
app.stage.addChild(plane);

// 子弹图片
var bullet = PIXI.Sprite.fromImage("res/plane/bullet_01.png");
// 初始时子弹图片的坐标位置与飞机图片的坐标位置相同
bullet.x = 200;
bullet.y = 300;
bullet.anchor.set(0.5,0.5);
app.stage.addChild(bullet);

// 鼠标移动事件
app.stage.interactive=true;
app.stage.on('mousemove', movePlane);
function movePlane(event) {
    var pos=event.data.getLocalPosition(app.stage);
    plane.x = pos.x;
    plane.y = pos.y;
}

// 帧频函数
// 通过帧频函数 animate 控制子弹图片向上移动
// 如果子弹图片超出游戏窗口范围,则将子弹图片重新放置到飞机图片的位置
```

```
app.ticker.add(animate);
function animate() {
    bullet.y -= 10;
    if(bullet.y < 0){
        bullet.y = plane.y;
        bullet.x = plane.x;
    }
}
```

理解了 if 判断语句及飞机发射子弹的原理后，接下来继续修改案例代码，实现飞机发射子弹的动画。

将帧频函数的内容修改如下：

```
// 帧频函数
app.ticker.add(animate);
function animate() {
    // 子弹移动动画
    bullet.y -= 10;
    // 当子弹图片超出窗口上边界时，将其重新放置到飞机图片所在位置
    if(bullet.y < -100) {
        bullet.x = plane.x;
        bullet.y = plane.y;
    }
}
```

上述代码的功能是使用帧频函数控制子弹图片向上移动，当子弹图片超出窗口上边界时，将子弹图片重新放置到飞机图片所在的位置并继续向上移动，实现飞机连续发射子弹的动画，如图 3-7 所示。

知识补充

逻辑运算符

在使用判断语句时，经常需要将多个判断条件连接成更加复杂的判断条件。例如，如果判断变量 a 的取值范围 "a>0" 并且 "a<5"，那么这个时候，就要用到逻辑运算符了。逻辑运算符主要有 3 个，详情见表 3-1。

图 3-7 飞机连续发射子弹

表 3-1 逻辑运算符

语法	名称	规则
条件 && 条件	&&（逻辑与）	运算符两边的条件都为真，结果才为真
条件 ‖ 条件	‖（逻辑或）	运算符两边的条件只要有一个为真，结果就为真
!条件	!（逻辑非）	非真即假、非假即真

注："真"代表条件成立，"假"代表条件不成立。

逻辑与运算符可以将多个条件连接成更加复杂的条件。其运算规则是，只有运算符两边的条件都为真，结果才为真，否则结果就为假。例如，通过判断语句控制"横杆"只能在特定范围内跟随鼠标移动，代码如下：

```
var app = new PIXI.Application(500,700);
document.body.appendChild(app.view);

var bg = new PIXI.Sprite.fromImage("res/lianxi/zhuan/bg3.png");
bg.width = 500;
bg.height = 700;
app.stage.addChild(bg);

// 横杆
var gan = new PIXI.Sprite.fromImage("res/lianxi/zhuan/img-1_82.png");
gan.anchor.set(0.5,0.5);
gan.x = 410;
gan.y = 600;
app.stage.addChild(gan);

bg.interactive = true;
bg.on("mousemove",function(event){
    var pos = event.data.getLocalPosition(app.stage);
    // 通过判断鼠标坐标，移动横杆
    // 当鼠标的 x 坐标值大于 90 并且小于 410 时，才让横杆水平跟随鼠标移动
    if(pos.x>90 && pos.x<410){
        gan.x = pos.x;
    }
});
```

逻辑或运算符同样也可以将多个条件连接成更加复杂的条件。其运算规则是，只要运算符两边的条件有一个为真，结果就为真，否则结果就为假。例如，通过判断语句控制"小球"的移动方向，代码如下：

```
var app = new PIXI.Application(700,300);
document.body.appendChild(app.view);

var bg = new PIXI.Sprite.fromImage("res/lianxi/collision/bg.png");
app.stage.addChild(bg);

// 小球
var ball = new PIXI.Sprite.fromImage("res/lianxi/collision/qiu2.png");
ball.anchor.set(0.5,0.5);
ball.width = 100;
ball.height = 100;
ball.x = 50;
ball.y = 250;
app.stage.addChild(ball);

// 定义变量 speed，用于控制小球的移动速度及方向
// 如果 speed 的值为负，则小球向左移动；如果 speed 的值为正，则小球向右移动
var speed = 5;

app.ticker.add(function(){
    ball.x = speed;
    // 判断小球的位置，控制小球的移动方向
    // 当小球的 x 坐标小于 50 或者大于 650 时，代表小球碰撞到了窗口边界
    // 如果 speed = 5，那么乘以 -1，速度变为 -5，小球开始向左移动
    // 如果 speed = -5，那么乘以 -1，速度变为 5，小球开始向右移动
    if(ball.x<50 || ball.x>650){
        speed *= -1;
    }
});
```

逻辑非运算符是求本来值的反值。其运算规则是，对一个真的条件执行逻辑非，得到的结果就是假，对一个假的条件执行逻辑非，得到的结果就是真。例如，通过逻辑非运算符控制"小球"是否移动，代码如下：

```
var app = new PIXI.Application(700,300);
document.body.appendChild(app.view);

var bg = new PIXI.Sprite.fromImage("res/lianxi/collision/bg.png");
app.stage.addChild(bg);
```

```
var ball = new PIXI.Sprite.fromImage("res/lianxi/collision/qiu2.png");
ball.anchor.set(0.5,0.5);
ball.width = 100;
ball.height = 100;
ball.x = 50;
ball.y = 250;
app.stage.addChild(ball);

// 定义变量 isMove，用于控制小球是否移动
// 如果 isMove=true 则小球开始移动，如果 isMove=false 则小球停止
var isMove = false;

// 单击背景图片 bg，控制小球是否移动
bg.interactive = true;
bg.buttonMode = true;
bg.on("click",function(){
    // 单击背景图片，更改变量 isMove 的值
    // 如果 isMove = true，则将 isMove 设置为 false
    // 如果 isMove = false，则将 isMove 设置为 true
    isMove = !isMove;
});

app.ticker.add(function(){
    // 判断变量 isMove 的值，控制小球是否移动
    if(isMove){
        ball.x += 1;
    }
});
```

注：true代表真、false代表假。

拓展练习

运用学习到的知识完成以下拓展任务。

1. 拓展任务1：类植物大战僵尸——僵尸旋转消失。运行效果如图3-8所示。

要求：

1）创建一个名为app的应用，宽度为500像素、高度为500像素。

2）添加僵尸显示元素。

3）实现僵尸消失的动画显示效果。

2．拓展任务 2：打砖块——横杆移动。运行效果如图 3-9 所示。

图 3-8 类植物大战僵尸——僵尸旋转消失　　图 3-9 打砖块——横杆移动

要求：

1）创建一个名为 app 的应用，宽度为 270 像素、高度为 400 像素。

2）参照图 3-9 所示的显示效果，添加相应的显示元素。

3）添加横杆控制，跟随鼠标左右移动。

4）通过位置判断控制横杆左右移动时，不能超出屏幕范围。

3．拓展任务 3：斗地主——选择／取消出牌。运行效果如图 3-10 所示。

图 3-10 斗地主——选择／取消出牌

要求：

1）创建一个名为 app 的应用，宽度为 1008 像素、高度为 640 像素。

2）参照图 3-10 所示的显示效果，添加相应的显示元素。

3）单击纸牌时，纸牌位置向上移动，实现选牌功能。

4）再次单击已经选择的纸牌时，纸牌移动回原来的位置，实现取消出牌功能。

4．拓展任务 4：类植物大战僵尸——发射子弹。运行效果如图 3-11 所示。

图 3-11　类植物大战僵尸——发射子弹

要求：

1）创建一个名为 app 的应用，宽度为 1008 像素、高度为 640 像素。

2）参照图 3-11 所示的显示效果，添加相应的显示元素。

3）豌豆发射子弹，当子弹超出屏幕时，重新发射子弹。

模块 4
制作多元素动画

学习目标

1. 掌握多元素动画的原理及实现方式。
2. 掌握 JavaScript 语言中函数的定义、调用、参数、返回值。
3. 掌握 JavaScript 语言中匿名函数的使用。
4. 理解 JavaScript 语言中变量作用域的特点。

学习情境

多元素动画是指利用程序实现多个显示元素的不同动画效果。要完成多元素动画的制作,首先需要为当前应用程序添加帧频函数,然后通过帧频函数分别实现不同显示元素的动画效果。

本模块通过自定义函数分别封装了子弹动画、背景动画、云彩动画、敌机动画、道具动画,并通过帧频函数进行统一调用,从而实现多元素动画,如图 4-1 所示。

要实现图 4-1 所示的效果,可以分为以下 5 个步骤:

1)制作子弹动画。
2)制作背景动画。
3)制作云彩动画。
4)制作敌机动画。
5)制作道具动画。

图 4-1 游戏多元素动画

注：本模块的完整代码详见教材配套资源"example/part4.html"。

实施步骤

 制作子弹动画。

在模块 3 中通过帧频函数实现了案例游戏中飞机发射子弹的单元素动画，下面通过自定义函数分别封装不同显示元素的动画，实现多元素动画展示效果。

知识链接

函数

函数是具有特定功能的代码块，一次编写多次调用。通过函数对代码进行有效组织，代码可以更加结构化、模块化，同时更易于理解和维护。

例如，定义一个 createPlane() 函数用于创建一架飞机，连续调用三次，结果产生了三架飞机，如图 4-2 所示。

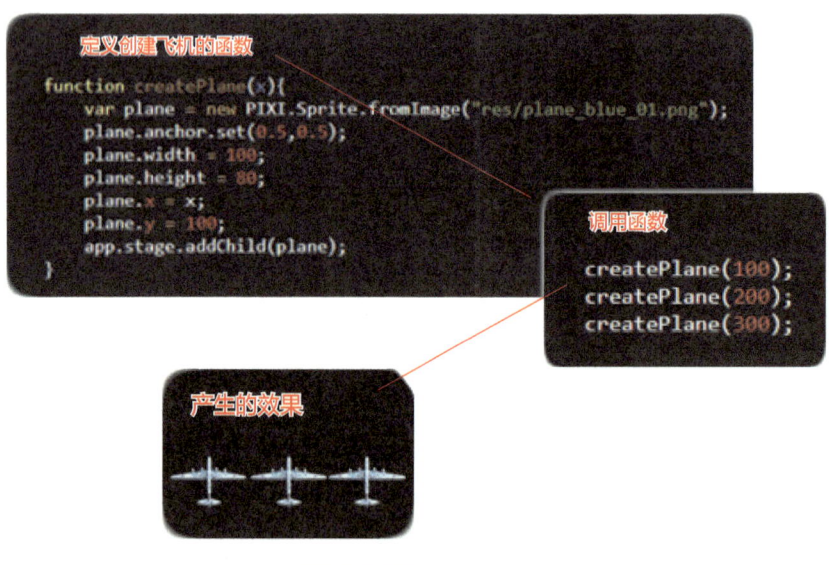

图 4-2 函数示例

知识链接

函数的使用

函数的使用由两部分组成：定义函数、调用函数。

```
// 定义函数
function 函数名(){
    函数被调用时执行的代码；
}

// 调用函数
函数名();
```

注：函数必须先定义后调用。

例如，通过函数向控制台输出一段文字，代码如下：

```
// 定义函数
// function 代表定义一个函数
// hello 是函数的名称
// 左右花括号分别代表函数的开始与结束
function hello(){
    // 函数要执行的代码
    console.log("飞机大战游戏");
}

// 通过函数名调用函数
hello();
```

注：函数只有被调用了，花括号中的代码才会被执行。

知识链接

制作多元素动画

函数可以优化程序，使程序结构更加清晰。例如，帧频函数既要控制背景图片动画，又要控制子弹图片动画，可以通过函数分别来实现，代码如下：

```
var app = new PIXI.Application(500,500);
document.body.appendChild(app.view);

// 背景图片
var bg = new PIXI.Sprite.fromImage("res/plane/bg/img_bg_level_1.jpg");
bg.width = 500;
bg.height = 1200;
app.stage.addChild(bg);
```

```javascript
// 飞机图片
var plane = new PIXI.Sprite.fromImage("res/plane_blue_01.png");
plane.anchor.set(0.5,0.5);
plane.x = 250;
plane.y = 400;
app.stage.addChild(plane);

// 子弹图片
var bullet = new PIXI.Sprite.fromImage("res/bullet_01.png");
bullet.anchor.set(0.5,0.5);
bullet.x = 250;
bullet.y = 450;
app.stage.addChild(bullet);

// 帧频函数，制作多元素动画
// 通过帧频函数调用 moveBg()、moveBullet() 函数，分别实现背景图片动画与子弹图片动画
app.ticker.add(animate);
function animate(){
    // 调用 moveBg() 函数，实现背景图片动画
    moveBg();
    // 调用 moveBullet() 函数，实现子弹图片动画
    moveBullet();
}

// 背景动画
// 定义 moveBg() 函数，控制背景图片动画
function moveBg(){
    bg.y += 1;
    if(bg.y > 0){
        bg.y = -600;
    }
}

// 子弹动画
// 定义 moveBullet() 函数，控制子弹图片动画
function moveBullet(){
    bullet.y -= 10;
    if(bullet.y < -30){
        bullet.y = plane.y-50;
    }
}
```

理解了自定义函数后，接下来在模块 3 完成的案例游戏代码的基础上继续编写如下内容，通过自定义函数封装子弹动画。

在帧频函数的代码下方，添加如下内容：

```
// 自定义函数，用于封装子弹动画
function moveBullet(){
    bullet.y -= 10;
    if(bullet.y < -100) {
        bullet.x = plane.x;
        bullet.y = plane.y;
    }
}
```

上述代码定义了一个名称为 moveBullet 的函数，用于封装子弹图片 bullet 的动画。

将帧频函数修改为：

```
// 帧频函数
app.ticker.add(animate);
function animate() {
    // 调用子弹动画函数
    moveBullet();
}
```

上述代码的功能是通过帧频函数调用子弹动画函数 moveBullet。帧频函数通常每秒执行 60 次，这也就意味着 moveBullet 函数也将每秒被调用 60 次，从而实现子弹动画的展示效果，如图 4-3 所示。

图 4-3　子弹动画

2 制作背景动画。

通过自定义函数封装了子弹动画后,接下来继续通过自定义函数封装背景图片动画。在帧频函数的代码下方,添加如下内容:

```
// 背景动画
function moveBg(){
    bg.y += 1;
    if(bg.y > 0) {
        bg.y = -768;
    }
}
```

上述代码定义了一个名称为 moveBg 的函数,用于封装背景图片 bg 的动画。

将帧频函数修改为:

```
// 帧频函数
app.ticker.add(animate);
function animate() {
    // 调用子弹动画函数
    moveBullet();
    // 调用背景动画函数
    moveBg();
}
```

上述代码在帧频函数中添加了对 moveBg 函数的调用,用于实现背景图片动画的展示效果,如图 4-4 所示。

图 4-4 背景动画

3 制作云彩动画。

实现了子弹动画、背景动画后，接下来继续通过自定义函数封装云彩图片动画。

在帧频函数的代码下方，继续添加如下内容：

```
// 云彩动画
function moveYun(){
    yun.y += 1.5;
    if(yun.y > 800){
        yun.y = - 400;
    }
}
```

上述代码定义了一个名称为 moveYun 的函数，用于封装云彩图片 yun 的动画。

将帧频函数修改为：

```
// 帧频函数
app.ticker.add(animate);
function animate() {
    // 调用子弹动画函数
    moveBullet();
    // 调用背景动画函数
    moveBg();
    // 调用云彩动画函数
    moveYun();
}
```

上述代码在帧频函数中添加了对 moveYun 函数的调用，用于实现云彩图片动画的展示效果，如图 4-5 所示。

图 4-5 云彩图片动画

4 制作敌机动画。

接下来添加敌机图片 enemy，并通过自定义函数封装敌机图片动画。

在飞机图片的下方，添加如下内容：

```
// 敌机
var enemy = new PIXI.Sprite.fromImage("res/plane/enemy_04.png");
app.stage.addChild(enemy);
enemy.anchor.x = 0.5;
enemy.anchor.y = 0.5;
enemy.x = 300;
```

上述代码创建了名称为 enemy 的敌机图片，并将其添加给舞台。

在帧频函数的代码下方，继续添加如下内容：

```
// 敌机动画
function moveEnemy(){
    enemy.y += 3;
    if(enemy.y > 800) {
        enemy.y = -100;
    }
}
```

上述代码定义了一个名称为 moveEnemy 的函数，用于封装敌机图片 enemy 的动画。

将帧频函数修改为：

```
// 帧频函数
app.ticker.add(animate);
function animate() {
    // 调用子弹动画函数
    moveBullet();
    // 调用背景动画函数
    moveBg();
    // 调用云彩动画函数
    moveYun();
    // 调用敌机动画函数
    moveEnemy();
}
```

上述代码在帧频函数中添加了对 moveEnemy 函数的调用，用于实现敌机图片动画的展示效果，如图 4-6 所示。

图 4-6 敌机图片动画

5 制作道具动画。

最后,通过自定义函数封装道具图片动画。

在帧频函数的代码下方,继续添加如下内容:

```
// 道具动画
function moveItem(){
    item.x += 0.5;
    item.y += 2;
    if(item.y > 800) {
        item.y = - 200;
    }
    if(item.x > 560) {
        item.x = -50;
    }
}
```

上述代码定义了一个名称为 moveItem 的函数,用于封装道具图片 item 的动画。

将帧频函数修改为:

```
// 帧频函数
app.ticker.add(animate);
function animate() {
    // 调用子弹动画函数
    moveBullet();
```

```
        // 调用背景动画函数
        moveBg();
        // 调用云彩动画函数
        moveYun();
        // 调用敌机动画函数
        moveEnemy();
        // 调用道具动画函数
        moveItem();
}
```

上述代码在帧频函数中添加了对 moveItem 函数的调用，用于实现道具图片动画的展示效果，如图 4-7 所示。

图 4-7 道具动画

知识补充

1. 函数的参数

在调用函数时，可以给函数传递一些数据，这些数据称为参数。对于一个函数，可以没有参数，也可以有多个参数。例如，定义一个求和 sum() 函数，它有 a、b 两个参数，代码如下：

```
// 定义 sum() 函数，该函数含有 a、b 两个参数
// 参数 a：在函数被调用时，参数 a 对应的是 sum(10,20) 中的 10
// 参数 b：在函数被调用时，参数 b 对应的是 sum(10,20) 中的 20
```

```
function sum(a,b){
    var s = a + b;
    alert("两数之和为："+s);
}
```

// 调用 sum() 函数，并给函数传递 10、20 两个值
// 10 代表给 sum 函数传递的第 1 个参数值，与 sum(a,b) 函数中的参数 a 对应
// 20 代表给 sum 函数传递的第 2 个参数值，与 sum(a,b) 函数中的参数 b 对应
sum(10,20);

2．函数的返回值

函数执行完毕后可以返回一个数据，通常把这个数据称为返回值。对于一个函数，可以有返回值也可以没有返回值，有返回值时可以返回一个普通值，也可以返回一个数组，还可以返回一个对象等。例如，上面定义的 sum() 函数，其返回值为两个数字的和。

```
// 定义 sum() 函数，并通过 return 返回 a+b 的和
function sum(a,b){
    // 计算 a+b 的和，并存储到变量 s 中
    var s = a + b;
    // 返回变量 s 的值
    return s;
}
```

// 调用 sum() 函数，并通过变量 result 接收 sum() 函数的返回值
var result = sum(10,20);
alert("结果为："+ result);

3．匿名函数

在定义函数时，可以不指定函数名称，通常把采用这种表示方法的函数称为匿名函数。例如，通过匿名函数的方式给背景图片添加鼠标单击事件，代码如下：

```
var app = new PIXI.Application(500,600);
document.body.appendChild(app.view);

// 背景图片
var bg = new PIXI.Sprite.fromImage("res/plane/bg/img_bg_level_1.jpg");
app.stage.addChild(bg);

// 飞机图片
var plane = new PIXI.Sprite.fromImage("res/enemy_04.png");
app.stage.addChild(plane);
```

```
bg.interactive = true;
// 通过匿名函数的方式给背景图片 bg 添加鼠标单击事件
// function(){…} 代表定义一个匿名函数，用于处理背景图片 bg 的鼠标单击事件
bg.on("click",function(){
    plane.y += 10;
});
```

注：因为匿名函数没有函数名，所以上面示例的匿名函数只能被背景图片 bg 的鼠标单击事件调用。

4．变量的作用域

变量的作用域是指变量在程序中的使用范围。根据变量的作用域，变量一般分为局部变量和全局变量。

局部变量是指在函数或者代码块内部声明的变量，它们只能被函数或者代码块内部的语句使用。例如，在下面的代码段中，showMsg() 函数中的变量 age 就是一个局部变量，它只能在 showMsg() 函数内部使用。

```
function showMsg(){
    // 变量 age 被声明在 showMsg() 函数内部，是局部变量，它只能在该函数内部使用
    var age = 30;
    // 输出结果为 "函数里显示的年龄：30"
    console.log("函数里显示的年龄："+age);
}

showMsg();
// 在函数外部调用局部变量
// 变量 age 是局部变量，在函数外部无法调用。此句代码报错，提示变量 age 未定义
console.log("函数外显示的年龄："+age);
```

全局变量是指在所有函数或者代码块外部声明的变量。全局变量一旦声明，在整个程序中都是可用的。例如，在下面的代码段中，变量 age 就是一个全局变量。

```
// 变量 age 是全局变量，它在整个程序中都可以正常使用
var age = 30;
function showMsg(){
    // 在函数内部调用全局变量，输出结果为 "函数里显示的年龄：30"
    console.log("函数里显示的年龄："+age);
}

showMsg();
```

```
// 在函数外部调用全局变量，输出结果为"函数外显示的年龄：30"
console.log("函数外显示的年龄："+age);
```

在程序中，局部变量和全局变量的名称可以相同。但是在这种情况下，在函数内，局部变量的值会覆盖全局变量的值。例如，在下面的代码段中，在showMsg()函数中，局部变量age会覆盖全局变量age。

```
// 定义全局变量age
var age = 30;

function showMsg(){
    // 定义局部变量age
    // 在函数内部局部变量age的值会覆盖全局变量age的值
    var age = 10;
    // 输出结果为"函数里显示的年龄：10"
    console.log("函数里显示的年龄："+age);
}
showMsg();
```

拓展练习

运用学到的知识完成以下拓展任务。

1．拓展任务1：3架飞机移动。运行效果如图4-8所示。

图4-8　3架飞机移动

要求：

1）创建一个名为app的应用，宽度为500像素、高度为500像素。

2）参照图4-8所示的显示效果，添加相应的显示元素。

3）控制3架飞机以不同的速度移动。

2．拓展任务2：接小球。运行效果如图4-9所示。

图 4-9 接小球

要求：

1）创建一个名为 app 的应用，宽度为 500 像素、高度为 500 像素。

2）参照图 4-9 所示的显示效果，添加相应的显示元素。

3）让 3 个小球以不同的速度向下移动。

4）分别对 3 个小球添加鼠标单击事件，当单击小球时，设置小球的 y 坐标为 0。

3．拓展任务 3：飞机大战——关卡提示信息。运行效果如图 4-10 所示。

图 4-10 飞机大战——关卡提示信息

要求：

1）创建一个名为 app 的应用，宽度为 500 像素、高度为 600 像素。

2）参照图 4-10 所示的显示效果，添加相应的显示元素。

3）控制背景图片，实现背景图片由上向下移动。

4)控制子弹图片,实现飞机发射子弹的效果。

5)控制文字信息,通过透明度,使文字信息在显示与隐藏之间来回切换。

4.拓展任务4:小球动画。运行效果如图4-11所示。

图4-11 小球动画

要求:

1)创建一个名为app的应用,宽度为400像素、高度为400像素。

2)参照图4-11所示的显示效果,添加相应的显示元素。

3)左上角的小球,实现旋转动画效果。

4)右上角的小球,实现显示与隐藏切换的动画效果(通过改变图片的透明度来实现)。

5)左下角的小球,实现大小变化动画效果。

6)右下角的小球,实现翻转动画效果(通过改变图片的缩放比例来实现)。

模块 5
控制游戏动画

学习目标

1. 能够实现游戏暂停与继续功能。
2. 能够通过 JavaScript 语言中的变量，实现计数累加功能。
3. 能够通过 JavaScript 语言中的变量，控制显示元素的移动速度以及显示元素是否移动。
4. 理解 JavaScript 语言中的基本数据类型及数据类型的转换。

学习情境

控制游戏动画是指利用变量控制显示元素及其动画的状态。要完成游戏动画控制，首先需要在当前应用程序中定义变量，然后通过对变量值的判断实现对游戏动画的控制。

本模块向应用程序添加"暂停"和"继续"两个按钮，当鼠标单击这两个按钮时，实现控制游戏的暂停与继续，如图 5-1 所示。

要实现图 5-1 所示的效果，可以分为以下 2 个步骤：

1）添加"暂停"和"继续"按钮。
2）实现游戏的暂停与继续。

图 5-1 控制游戏的暂停与继续

注：本模块的完整代码详见教材配套资源"example/part5.html"。

实施步骤

1 添加"暂停"和"继续"按钮。

在模块 4 中通过自定义函数实现了案例游戏中的子弹动画、背景动画、云彩动画、敌机动画和道具动画，本模块通过变量控制游戏动画，实现游戏的暂停与继续。在实现游戏的暂停与继续之前，先来了解基本数据类型及对象类型等知识。

基本数据类型

数据类型是指变量中存储的值的类型。常用的基本数据类型包括：字符串类型（String）、数字类型（Number）、布尔类型（Boolean）。例如，分别定义不同类型的变量，代码如下：

```
// 字符串类型
// 定义名称为 userName 的变量，存储一个字符串类型的值
// 注意：字符串类型的值必须用双引号（"）或单引号（'）来声明
var userName = "小明";
console.log(userName);


// 数字类型
// 定义名称为 age 的变量，存储一个数字类型的值
// 注意：数字类型不仅包括整数，还包括小数，如 3.14
var age = 15;
console.log(age);


// 布尔类型
// 定义名称为 isStudent 的变量，存储一个布尔类型的值
// 注意：布尔类型的值只有两个，分别为 true（真）和 false（假）
var isStudent = true;
console.log(isStudent);
```

通过 typeof() 函数可以查看变量或值的数据类型，使用方法：

```
var t = typeof(变量或值);
```

typeof() 函数的返回值是变量或值的数据类型。

例如,通过 typeof() 函数查看不同变量的数据类型。

示例:

```
// 数字类型
var age = 10;
// 查看 age 变量的数据类型,显示结果为 number(数字类型)
console.log(typeof(age));

// 字符串类型
var city = "北京";
// 查看 city 变量的数据类型,显示结果为 string(字符串类型)
console.log(typeof(city));

// 布尔类型
var isStudent = true;
// 查看 isStudent 变量的数据类型,显示结果为 boolean(布尔类型)
console.log(typeof(isStudent));
```

知识链接

对象类型

制作游戏时,经常通过 new 来创建一些显示元素,例如,创建应用、创建图片和创建文本等。代码如下:

```
// 创建应用
var app = new PIXI.Application(400,400);

// 创建图片
var plane = new PIXI.Sprite.fromImage("res/plane_blue_01.png");

// 创建文本
var score = new PIXI.Text("得分:00000");
```

在计算机程序中,把这些通过 new 创建的元素称为对象。存储这些对象的变量,例如 app、plane、score,它们的数据类型就是对象类型。

对象类型的变量包含两部分内容:属性、方法。属性就是对象中的值,方法就是对象中的函数。例如,Sprite 对象常用的属性和方法见表 5-1。

表 5-1 Sprite 对象常用的属性和方法

	名称	作用
属性	x	设置元素的 x 坐标
	y	设置元素的 y 坐标
	width	设置元素的宽度
	height	设置元素的高度
	rotation	设置元素旋转的弧度
	scale	设置元素的缩放比例
	visible	设置元素是否可见
	interactive	是否开启事件交互功能
方法	addChild()	向当前容器中添加一个显示元素
	getChildAt()	获得该容器中指定的显示元素
	removeChild()	从当前容器中移除指定的显示元素
	on()	添加事件监听
	destroy()	销毁当前 Sprite 对象

注：除了表5-1中列举的之外，Sprite对象的属性和方法还有很多，在此就不一一列举了。

对象的属性和方法通常都是通过对象来调用的。

调用属性：

对象.属性名；

调用方法：

对象.方法名()；

例如，创建一个 Sprite 对象并存储到变量 plane 中，然后通过变量 plane 调用对象的属性和方法，代码如下：

```
// 创建应用
var app = new PIXI.Application(500,600);
document.body.appendChild(app.view);

// 创建飞机图片
// 通过 new PIXI.Sprite.fromImage(…) 创建 Sprite 对象，并存储到变量 plane 中
// 通过变量 plane，可以访问到 Sprite 对象的所有属性和方法
var plane = new PIXI.Sprite.fromImage("res/enemy_03.png");
app.stage.addChild(plane);

// 调用 interactive 属性
// 通过变量 plane 调用 Sprite 对象的 interactive 属性
```

```
plane.interactive = true;
// 调用 on 方法
// 通过变量 plane 调用 Sprite 对象的 on() 方法
plane.on("click",movePlane);
function movePlane(){
    plane.y += 50;
}
```

上面的示例在调用属性和方法时都是通过"."来实现的，但是有些特殊情况需要通过多个"."来调用。例如，在设置文本的字体大小时要用到多个"."。例如：

```
// 创建应用
var app = new PIXI.Application(500,600);
document.body.appendChild(app.view);

// 创建文本 txt
// 通过 new PIXI.Text(...) 创建 Text 对象，并存储到变量 txt 中
// 通过变量 txt，可以访问到 Text 对象的所有属性和方法
var txt = new PIXI.Text(" 得分：10000",{fill:0xffffff});
txt.x = 150;
txt.y = 200;
// 通过 style 属性设置字体大小
txt.style.fontSize = 30;
app.stage.addChild(txt);
```

txt.style 属性本身也是一个对象，如图 5-2 所示。所以，必须通过 txt.style.fontSize 才能找到 Style 对象的 fontSize 属性。

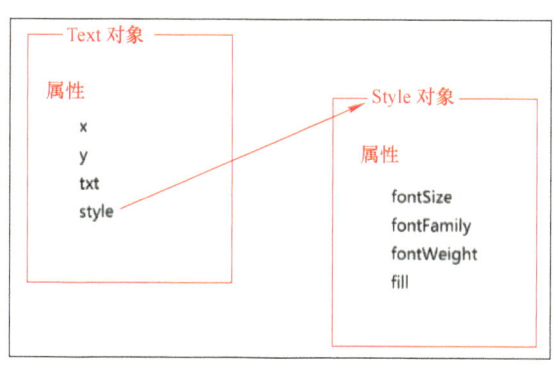

图 5-2 style 属性

理解了基本数据类型及对象类型后，接下来在模块 4 完成的案例代码的基础上继续编写如下内容，添加"暂停"和"继续"功能按钮。

在添加道具图片的代码下方，添加如下内容：

```
// 暂停按钮
var pauseBtn = new PIXI.Sprite.fromImage("res/plane/ui/ui_new_btn_png_03.png");
app.stage.addChild(pauseBtn);
pauseBtn.x = 460;
pauseBtn.y = 10;
pauseBtn.visible = false;

// 继续按钮
var resumeBtn = new PIXI.Sprite.fromImage("res/plane/ui/start.png");
app.stage.addChild(resumeBtn);
resumeBtn.y = 30;

// 暂停按钮鼠标单击事件
pauseBtn.interactive = true;
pauseBtn.on("click", pause);
function pause() {
    resumeBtn.visible = true;
    pauseBtn.visible = false;
}

// 继续按钮鼠标单击事件
resumeBtn.interactive = true;
resumeBtn.on("click", resume);
function resume() {
    resumeBtn.visible = false;
    pauseBtn.visible = true;
}
```

上述代码的功能是添加暂停和继续两个功能按钮,并为两个按钮添加相应的鼠标单击事件。当鼠标单击按钮时,通过显示元素的 visible 属性设置其是否可见,实现暂停和继续两个按钮的显示状态切换的效果,如图 5-3 所示。

2 实现游戏的暂停与继续。

步骤 **1** 添加了暂停和继续两个按钮,并实现了按钮显示状态的切换。接下来通过变量完成游戏动画控制,实现游戏的暂停与继续。

图 5-3 添加暂停和继续按钮

知识链接

控制飞机是否移动

制作动画时，可以通过变量控制动画是否执行，从而实现游戏的暂停与继续。例如，通过 isMove 变量控制飞机是否移动，代码如下：

```javascript
// 创建应用
var app = new PIXI.Application(500,500);
document.body.appendChild(app.view);

// 背景图片
var bg = new PIXI.Sprite.fromImage("res/bg_02.png");
app.stage.addChild(bg);

// 飞机图片
var plane = new PIXI.Sprite.fromImage("res/enemy_02.png");
app.stage.addChild(plane);

// 定义变量 isMove，控制飞机图片是否移动
var isMove = 0;

// 帧频函数
app.ticker.add(animate);
function animate(){
    // 通过变量 isMove 控制飞机图片是否移动，如果 isMove=1，则飞机图片开始向下移动
    if(isMove == 1){
        plane.y += 3;
    }
}

// 鼠标事件
bg.interactive = true;
bg.on("click",changeState);
function changeState(){
    // 鼠标单击背景图片时，改变变量 isMove 的值
    // 如果 isMove=0，则将 isMove 设置为 1，否则将 isMove 设置为 0。
    if(isMove == 0){
        isMove = 1;
    }
    else{
        isMove = 0;
    }
}
```

掌握了如何通过变量控制动画后,接下来将继续修改案例游戏中的代码,实现游戏的暂停与继续。

在添加"游戏开始"图片的代码下方,添加如下内容:

```
// 游戏是否暂停
var isStop = true;
```

上述代码定义了变量 isStop 并将其默认值设置为 true,用于控制动画是否执行。当 isStop=true 时游戏暂停,否则游戏继续。

对飞机图片 plane 鼠标跟随的代码进行修改:

```
// 飞机图片鼠标跟随
bg.interactive = true;
bg.on("mousemove", planeMove);
function planeMove(event) {
    // 如果 isStop=true,则游戏暂停,不执行鼠标事件
    if(isStop) {
        return;
    }
    var pos = event.data.getLocalPosition(app.stage);
    plane.x = pos.x;
    plane.y = pos.y;
}
```

上述代码在飞机图片鼠标跟随的事件处理函数中,添加了对变量 isStop 的值的判断,如果 isStop=true,则游戏暂停,不执行鼠标事件,终止飞机图片鼠标跟随的功能。

将帧频函数修改为:

```
// 帧频函数
app.ticker.add(animate);
function animate() {
    // 如果 isStop=true,则游戏暂停,不执行动画
    if(isStop) {
        return;
    }
    moveBullet();
    moveBg();
    moveYun();
    moveEnemy();
    moveItem();
}
```

上述代码在帧频函数中,添加了对变量 isStop 的值的判断,如果 isStop=true,则游戏

暂停，不执行帧频函数，终止游戏中的所有动画。

将暂停和继续两个按钮的鼠标单击事件修改为：

```
// 暂停按钮鼠标单击事件
pauseBtn.interactive = true;
pauseBtn.on("click", pause);
function pause() {
    isStop = true;// 单击暂停按钮，将 isStop 设置为 true
    resumeBtn.visible = true;
    pauseBtn.visible = false;
}

// 继续按钮鼠标单击事件
resumeBtn.interactive = true;
resumeBtn.on("click", resume);
function resume() {
    isStop = false;// 单击继续按钮，将 isStop 设置为 false
    resumeBtn.visible = false;
    pauseBtn.visible = true;
}
```

上述代码在暂停和继续两个按钮鼠标单击事件中添加了对变量 isStop 的值的控制。单击暂停按钮，将变量 isStop 的值设置为 true，游戏暂停；单击继续按钮，将变量 isStop 的值设置为 false，游戏继续。从而通过变量完成了游戏动画控制，实现了游戏的暂停与继续，如图 5-4 所示。

知识补充

1. 数据类型转换

数据类型转换是指将变量的数据类型转换为其他数据类型。数据类型转换可以通过表 5-2 中所列的函数实现。

图 5-4　游戏的暂停与继续

表 5-2　数据类型转换函数

函数	作用
变量 .toString()	将变量的数据类型转换为字符串类型
String(变量)	将变量的数据类型转换为字符串类型
Number(变量)	将变量的数据类型转换为数字类型
parseInt(变量)	将变量的数据类型转换为数字类型（整数）
parseFloat(变量)	将变量的数据类型转换为数字类型（小数）
Boolean(变量)	将变量的数据类型转换为布尔类型

例如，分别通过 String()、Number()、Boolean() 函数对变量的数据类型进行转换，代码如下：

```
// 数字类型转换为字符串类型
var a = 10;
a = String(a); // 将变量 a 的数据类型转换为字符串类型
console.log(typeof(a)); // 显示结果为 String 字符串类型

// 字符串类型转换为数字类型
var b = "100";
b = Number(b); // 将变量 b 的数据类型转换为数字类型
console.log(typeof(b)); // 显示结果为 Number 数字类型

// 数字类型转换为布尔类型
// 注意：Boolean() 函数会将非零的数字转换为 true，将数字零转换为 false
var c = 30;
c = Boolean(c); // 将变量 c 的数据类型转换为布尔类型
console.log(typeof(c)); // 显示结果为 Boolean 布尔类型
```

2．数据类型的自动转换

任何数据类型的变量与字符串类型的变量做连接运算时，都将自动转换为字符串类型的变量。例如，在下面的代码段中，a、b 两个变量都将自动转换为字符串类型的变量。

```
// 数字类型自动转换为字符串类型
// 数字类型与字符串类型做连接运算时，数字类型将自动转换为字符串类型
var a = 100 + "北京";
console.log(a); // 显示结果为 "100北京"
console.log(typeof(a)); // 显示结果为 String 字符串类型

// 布尔类型自动转换为字符串类型
// 布尔类型与字符串类型做连接运算时，布尔类型将自动转换为字符串类型
var b = true + "北京";
console.log(b); // 显示结果为 "true北京"
console.log(typeof(b)); // 显示结果为 String 字符串类型
```

3．实现计数累加

计数累加是通过变量实现的计数功能。例如，当单击背景图片时，通过计数累加功能记录单击背景图片的次数，代码如下：

```
// 创建应用
var app = new PIXI.Application(400,400);
document.body.appendChild(app.view);
```

```javascript
// 背景图片
var bg = new PIXI.Sprite.fromImage("res/plane/bg/img_bg_level_3.jpg");
app.stage.addChild(bg);

// 文本
var txt = new PIXI.Text("0");
app.stage.addChild(txt);

// 定义计数变量 a，用于实现计数累加功能，初始值为 0
var a = 0;

// 计数累加
// 单击背景图片时，变量 a 的值加 1，同时变量 a 的值显示在文本 txt 中
bg.interactive = true;
bg.on("click", addNumber);
function addNumber() {
    a += 1;// 变量 a 的值加 1，用于记录单击背景图片的次数
    txt.text = a;// 变量 a 的值显示在文本 txt 中
}
```

4．控制飞机的移动速度

制作飞机移动动画时，可以通过变量控制飞机每次移动的距离。这样，变量的值越大，飞机的移动速度就会越快；变量的值越小，飞机的移动速度就会越慢。例如，下面的代码段通过变量 speed 控制飞机的移动速度。

```javascript
// 创建应用
var app = new PIXI.Application(400,400);
document.body.appendChild(app.view);

// 背景图片
var bg = new PIXI.Sprite.fromImage("res/plane/bg/img_bg_level_3.jpg");
app.stage.addChild(bg);

// 飞机图片
var plane = new PIXI.Sprite.fromImage("res/enemy_03.png");
app.stage.addChild(plane);

// 定义变量 speed，用于控制飞机的移动速度
var speed = 0;
```

```
// 帧频函数
app.ticker.add(animate);
function animate() {
    // 控制飞机图片的 y 坐标，每次递增变量 speed 的值
    plane.y += speed;
}


// 鼠标事件
bg.interactive = true;
bg.on("click", changeSpeed);
function changeSpeed() {
    // 速度变量 speed 的值加 1，增加飞机的移动速度
    speed += 1;
}
```

拓展练习

运用学到的知识完成以下拓展任务。

1．拓展任务 1：屏幕保护。运行效果如图 5-5 所示。

要求：

1）创建一个名为 app 的应用，宽度为 500 像素、高度为 350 像素。

2）参照图 5-5 所示的显示效果，添加相应的显示元素。

3）控制小球移动，并且不会移出屏幕。

2．拓展任务 2：类保卫萝卜。运行效果如图 5-6 所示。

图 5-5 屏幕保护

图 5-6 类保卫萝卜

要求：

1）创建一个名为 app 的应用，宽度为 890 像素、高度为 500 像素。

2）参照图 5-6 所示的显示效果，添加相应的显示元素。

3）利用帧频函数，控制怪物沿背景图片中的轨道移动。当怪物移动到终点时，再重新回到起始位置继续移动。

3．拓展任务 3：找头像——屏幕抖动。运行效果如图 5-7 所示。

要求：

1）创建一个名为 app 的应用，宽度为 500 像素、高度为 800 像素。

2）参照图 5-7 所示的显示效果，添加相应的显示元素。

3）单击头像屏幕抖动。

4．拓展任务 4：飞翔的小鸟。运行效果如图 5-8 所示。

图 5-7 找头像——屏幕抖动

图 5-8 飞翔的小鸟

要求：

1）创建一个名为 app 的应用，宽度为 800 像素、高度为 500 像素。

2）参照图 5-8 所示的显示效果，添加相应的显示元素。

3）小鸟一直向右移动，当超出屏幕右边界时，重新回到屏幕左边界，继续向右移动。

4）在背景图片上按下鼠标左键时，小鸟向上移动；松开鼠标左键时，小鸟向下移动。

5）当小鸟超出屏幕上下边界时，游戏结束。

5．拓展任务 5：跑酷游戏——人物跳起。运行效果如图 5-9 所示。

要求：

1）创建一个名为 app 的应用，宽度为 800 像素、高度为 500 像素。

2）参照图 5-9 所示的显示效果，添加相应的显示元素。

3）实现当单击"跳动"按钮时，人物跳起的效果。

图 5-9 跑酷游戏——人物跳起

模块 6
制作多元素场景

学习目标

1. 能够制作多元素场景。例如，实现多敌机动画。
2. 学会 JavaScript 语言中 Math 算术函数的使用，例如，随机数、取整等。
3. 学会 JavaScript 语言中循环语句的使用，包括 for、while、do-while。
4. 学会 JavaScript 语言中数组的定义及数组的操作，如赋值、取值、删除数组中的值等。
5. 能够通过循环语句遍历数组。

学习情境

多元素场景是指利用数组及循环批量控制显示元素的状态。要完成多元素场景的制作，首先需要将批量的显示元素存储到数组中，然后通过循环遍历数组的方法实现批量显示元素状态的控制。

本模块通过数组存储 10 架敌机，并通过 for 循环遍历数组对 10 个敌机的移动位置进行整体控制，从而实现多元素场景的制作，如图 6-1 所示。

要实现图 6-1 所示的效果，只需 1 个步骤，即添加多敌机及其动画。

图 6-1 多元素场景

> 注：本模块的完整代码详见教材配套资源"example/part6.html"。

实施步骤

在模块 5 中通过变量控制游戏动画，实现了游戏的暂停与继续功能。本模块将通过数组存储多架敌机，并通过循环遍历数组，实现多元素场景的制作。在制作多元素场景之前，先来了解算术函数、循环、数组等知识。

 知识链接

Math 算术函数

JavaScript 语言中的 Math 对象提供了一系列的算术函数，用于实现程序中的算术运算功能，详情见表 6-1。

表 6-1　Math 算术函数

函数	作用
abs(x)	返回 x 的绝对值
acos(x)	返回 x 的反余弦值
asin(x)	返回 x 的反正弦值
atan(x)	返回 x 的反正切值
ceil(x)	返回大于 x 的最小整数
cos(x)	返回 x 的余弦值
exp(x)	返回 e^x 的值
floor(x)	返回小于 x 的最大整数
log(x)	返回 x 的自然对数（底为 e）
max(x,y)	返回 x 和 y 中的最大值
min(x,y)	返回 x 和 y 中的最小值
pow(x,y)	返回 x 的 y 次幂
random()	返回 0～1 之间的随机小数
round(x)	对 x 四舍五入取整
sin(x)	返回 x 的正弦值
sqrt(x)	返回 x 的平方根
tan(x)	返回 x 的正切值

Math 提供的算术函数中，常用的包括取随机数、四舍五入取整、圆周率等。

随机数是指在一定范围内随机产生的数。它可以实现显示元素在随机位置出现、随机移动速度等功能。例如：

```
// 获得一个 0 ~ 1 之间的随机小数
var a = Math.random();
// 获得一个 0 ~ 500 之间的随机小数
var a = Math.random() * 500;
// 获得一个 10 ~ 30 之间的随机小数
var a = Math.random() * (30-10) + 10;
// 获得一个 m ~ n 之间的随机小数（m < n）
var a = Math.random() * (n-m) + m;
```

四舍五入取整是指通过四舍五入原则返回当前小数对应的整数部分。例如：

```
var a = Math.round(3.14); // 对 3.14 进行四舍五入取整，返回结果为 3
```

再如，通过随机数与四舍五入取整，控制飞机每次出现的水平位置随机，代码如下：

```
// 创建应用
var app = new PIXI.Application(500,700);
document.body.appendChild(app.view);

// 背景图片
var bg = new PIXI.Sprite.fromImage("res/plane/bg/img_bg_level_3.jpg");
app.stage.addChild(bg);

// 飞机图片
var plane = new PIXI.Sprite.fromImage("res/enemy_04.png");
plane.anchor.set(0.5,0.5);
plane.x = 250
app.stage.addChild(plane);

// 帧频函数
app.ticker.add(animate);
function animate() {
    // 控制飞机图片 plane 向下移动
    plane.y += 3;
    // 当飞机图片 plane 超出窗口下边界时，将回到窗口顶端重新向下移动，并且 x 坐标随机
    if(plane.y > 800) {
        plane.y = -100;
        // 设置飞机图片 plane 的 x 坐标为 0 ~ 500 之间的随机整数
```

```
        // Math.random() * 500 用于获得一个 0～500 之间的随机小数
        // Math.round(Math.random() * 500) 对随机小数四舍五入取整
        plane.x = Math.round(Math.random() * 500);
    }
}
```

圆周率是圆的周长与直径的比值,约等于3.14。使用方法:

```
var a = Math.PI; // 返回圆周率的值,约等于 3.141592653589793
```

例如,通过圆周率设置飞机图片的旋转,代码如下:

```
// 创建应用
var app = new PIXI.Application(500,500);
document.body.appendChild(app.view);

// 飞机图片
var plane = new PIXI.Sprite.fromImage("res/plane_blue_01.png");
plane.anchor.set(0.5,0.5);
plane.x = 250;
plane.y = 200;
app.stage.addChild(plane);

// 控制飞机图片 plane 顺时针旋转 45 度
// 通过数学中弧度和角度的转换关系可知,圆周率对应的角度为 180 度,所以 Math.PI/4 对应的
// 角度为 45 度
plane.rotation = Math.PI / 4;
```

注:Math提供的算术函数还有很多,在此就不一一列举了。

 **知识链接**

for 循环

循环语句用于重复执行某一代码块。常见的循环语句有for循环、while循环、do-while循环。

for循环的语法格式:

```
for( 初始值 ; 循环条件 ; 初始值递增或递减 ){
    要执行的代码块 ;
}
```

例如,下面的代码段使用for循环向控制台输出了10次"JavaScript"。

```
// 通过 for 循环向控制台输出 10 次 "JavaScript"
// 变量 i：在循环语句中叫作循环变量，用于控制 for 循环的循环次数
// var i=0：设置变量 i 的初始值为 0
// i<10：设置循环条件。只要条件成立，for 循环就会一直重复执行 {} 中的代码，直到该条件不成
// 立时，循环结束
// i++：初始值递增。在每一次循环完成后，变量 i 的值加 1
for(var i=0;i<10;i++){
    console.log("JavaScript");
}
```

注：for循环中的初始值、循环条件、初始值递增或递减之间，必须用分号分隔开。

在 for 循环中，初始值、循环条件、初始值递增或递减的设置并不是固定不变的，而是根据实际要实现的功能而设置。例如，通过 for 循环向控制台输出了 1～20 之间的所有奇数，代码如下：

```
// 通过 for 循环向控制台输出 1～20 之间的所有奇数
// var i=1：将循环变量的初始值设置为 1
// i<20：设置循环条件
// i+=2：每次循环完成后，循环变量 i 的值加 2
for(var i=1;i<20;i+=2){
    console.log(i);
}
```

在制作游戏的时候，也会用到 for 循环。例如，通过 for 循环在应用程序舞台中添加 5 架飞机，代码如下：

```
// 创建应用
var app = new PIXI.Application(400,500);
document.body.appendChild(app.view);

// 通过 for 循环向舞台添加 5 架飞机
// var i=0：设置循环变量的初始值为 0
// i<5：设置循环条件
// i++：每次循环执行后，循环变量 i 的值加 1
for(var i=0;i<5;i++){
    var plane = new PIXI.Sprite.fromImage("res/enemy_04.png");
    app.stage.addChild(plane);
    plane.x = i * 50;
    plane.y = i * 100;
}
```

知识链接

定义数组

数组允许在一个变量中存储多个值，可将其理解为一个容器装了一堆元素。数组在使用之前必须先定义。定义数组有以下几种常用方法。

（1）定义空数组

　　var 数组名 = [ ]；

或者

　　var 数组名 = new Array()；

（2）定义数组并赋值

　　var 数组名 = [值，值，值…]；

或者

　　var 数组名 = new Array(值，值，值…)；

注：[ ]和new Array()创建数组的功能完全相同。

例如，下面的代码段分别通过两种方法定义了数组。

```
// 通过[]方式定义数组并赋值
// 数组中的值为：10、20、30、"JavaScript"
var arr1 = [10,20,30,"JavaScript"];
console.log(arr1);

// 通过 new Array() 方式定义数组并赋值
// 数组中的值为：100、"北京"、300、400。
var arr2 = new Array(100, "北京",300,400);
console.log(arr2);
```

知识链接

数组的赋值

数组定义好后，可以通过以下两种方法向数组中添加值。

1）通过数组下标赋值。

2）通过 push() 方法向数组的末尾追加值。

数组下标就是数组中每个值对应的序号。在默认情况下，数组下标都是从 0 开始的，向后依次加 1，如图 6-2 所示。

图 6-2 数组下标

在图 6-2 中，arr 数组中第 1 个值的下标是 0，第 2 个值的下标是 1，第 3 个值的下标是 2，以此类推。

(1) 通过数组下标赋值

// 通过[]方式定义一个空数组
var arr = [];

// 通过数组下标向 arr 数组中添加 3 个值
arr[0] = " 北京 ";
arr[1] = 100；
arr[2] = " 上海 ";

console.log(arr);

注：数组中可以存储任意类型的数据，包括数字类型、字符串类型、布尔类型、对象类型等。

(2) 通过 push() 方法向数组的末尾追加值

// 通过[]方式定义一个空数组
var arr = [];

// 通过 push() 方法向数组的末尾追加 4 个值
arr.push(100)；
arr.push(" 北京 ")；
arr.push(" 上海 ")；
arr.push(9.8)；

console.log(arr);

知识链接

数组的取值

数组中存储的值可以通过数组下标来获取。例如，通过下标来获取数组中指定元素的值，代码如下：

```
// 通过[]方式定义数组并赋值
var arr = [10,20," 上海 ",3.14];

// 获得数组中指定下标对应的元素值
console.log(arr[2]);// 输出数组中下标 2 对应的元素值，结果为 " 上海 "
console.log(arr[0]);// 输出数组中下标 0 对应的元素值，结果为 10
```

知识链接

数组的长度

数组的长度就是数组中元素的个数，可以通过数组的 length 属性来获得。例如，通过 length 属性获得数组的长度，代码如下：

```
// 通过[]方式定义数组并赋值
var citys = [" 北京 "," 上海 "," 深圳 "," 西安 "," 长沙 "];
// 通过数组的 length 属性获得该数组的长度
// 显示结果是 " 数组长度为：5"。
console.log(" 数组长度为："+citys.length);
```

知识链接

遍历数组

遍历数组是指通过循环依次输出数组中所有的元素值。例如，下面的代码段通过 for 循环来遍历数组。

```
// 定义数组
var arr = [10,20,30," 北京 ",40," 上海 ",50];

// 通过 for 循环遍历 arr 数组中所有的元素值
// 在循环执行过程中，循环变量 i 的值分别为 0 1 2 3 4 5 6，这正好与 arr 数组中所有元素值的
// 下标对应，所以，用变量 i 充当数组下标，可依次取出数组中所有元素的值
for(var i=0;i<arr.length;i++){
    console.log(arr[i]);
}
```

> **注**：遍历数组不仅可以使用for循环来实现，采用while、do-while循环同样也可以遍历数组。

理解了算数函数、循环、数组等知识后，接下来在模块5的案例游戏代码的基础上，继续编写如下内容，实现10架敌机的多元素场景。

将原有添加敌机显示元素的代码修改为：

```
// 通过[]方式定义一个空数组，用于存储敌机显示元素
var enemyArr = [];
// 通过for循环创建10架敌机
for(var i = 0; i < 10; i ++ ) {
    // 创建敌机显示元素
    var enemy = new PIXI.Sprite.fromImage("res/plane/enemy_04.png");
    app.stage.addChild(enemy);
    enemy.anchor.x = 0.5;
    enemy.anchor.y = 0.5;
    // 设置敌机的x坐标为50～500之间的随机数。
    enemy.x = Math.random() * 450 + 50;
    // 设置敌机的y坐标为（-100）～（-800）之间的随机数。
    enemy.y = -100 - Math.random()*700;
    // 将创建的敌机存储到enemyArr数组中
    enemyArr.push(enemy);
}
```

上述代码通过for循环创建了10架敌机并将它们添加给应用程序舞台，然后将这10架敌机存储到了enemyArr数组中。

将封装敌机动画函数的代码修改为：

```
//敌机动画
function moveEnemy(){
    // 通过for循环遍历enemyArr数组，控制10架敌机的移动动画
    for(var i = 0; i < enemyArr.length; i ++ ){
        // 获得enemyArr数组中的某一架敌机
        var enemy = enemyArr[i];
        // 控制敌机向下移动
        enemy.y += 3;
        // 如果敌机超出窗口下边界，将其重新放回到窗口顶端
        if(enemy.y > 800) {
            // 设置敌机的x坐标为50～500之间的随机数。
            enemy.x = Math.random() * 450 + 50;
            // 设置敌机的y坐标为（-100）～（-800）之间的随机数。
```

```
            enemy.y = -100 - Math.random()*700;
        }
    }
}
```

上述代码通过 for 循环遍历 enemyArr 数组，控制数组中的所有敌机向下移动，当敌机超出窗口下边界时，将重新设置敌机的 x、y 坐标并继续向下移动，从而实现 10 架敌机移动的多元素场景，如图 6-3 所示。

图 6-3　添加多敌机动画

知识补充

1．while 循环

while 循环也是常用的循环语句之一。但语法格式相比 for 循环要简单一些。
while 循环的语法格式：

```
while( 循环条件 ){
    要执行的代码块；
}
```

例如，使用 while 循环计算 1～100 的所有整数之和，代码如下：

```
// 定义 sum 变量，用于存储累加之和
var sum = 0;
```

```
// 通过 while 循环累加求和，并将总和存储到变量 sum 中
// 变量 i 是循环变量，用于控制 while 循环的循环次数
// var i=1：设置循环变量的初始值为 1
// i<=100：设置循环条件
var i = 1;
while(i<=100){
    // 累加 1～100 的所有整数之和
    sum += i;
    // 每次循环完成后，循环变量 i 的值加 1
    i++;
}

// 输出的结果为 " 总和为 5050"。
console.log(" 总和为："+sum);
```

在制作游戏的时候，同样也可以使用 while 循环。例如，下面的代码段通过 while 循环向应用程序舞台添加了 5 架飞机。

```
// 创建应用
var app = new PIXI.Application(400,500);
document.body.appendChild(app.view);

// 使用 while 循环向舞台添加 5 架飞机
// var i=0：设置循环变量的初始值为 0
// i<5：设置循环条件
var i = 0;
while(i<5) {
    // 创建飞机并添加到舞台。
    var plane = new PIXI.Sprite.fromImage("res/enemy_04.png");
    app.stage.addChild(plane);
    plane.y = i * 100;
    // 每次循环完成后，循环变量 i 的值加 1
    i++;
}
```

2．do-while 循环

do-while 循环与 while 循环类似。do-while 循环先执行花括号中的内容，后判断循环条件，所以，do-while 循环至少执行一次。

do-while 循环的语法格式：

```
do{
    要执行的代码块；
}while( 循环条件 );
```

例如，通过 do-while 循环向控制台输出 6 个数字，代码如下：

```
// 通过 do-while 循环向控制台输出 5～10 一共 6 个数字
// var i=5：设置循环变量的初始值为 5
// i<=10：设置循环条件
var i = 5;
do{
    // 向控制台输出内容
    console.log(i);
    // 每次循环完成后，循环变量 i 的值加 1
    i++;
}while(i<=10);
```

3. 循环中的关键字

循环语句中会使用两个关键字控制循环。

1) break：跳出整个循环，循环结束。

2) continue：结束本次循环，继续下一次循环。

(1) 使用 break 控制循环

```
// 添加 for 循环
for(var i=0;i<5;i++){
    // 向控制台输出循环变量 i 的值
    console.log(i);
    // 当循环变量 i 的值等于 3 时，使用 break 跳出整个循环，循环结束
    if(i == 3){
        break;
    }
}
// 以上代码的最终输出结果：0 1 2 3。
```

> **注**：break 不仅可以在 for 循环中使用，也可以在其他循环中使用。

(2) 使用 continue 控制循环

```
// 添加 for 循环
for(var i=0;i<5;i++){
    // 当循环变量 i 的值等于 3 时，使用 continue 结束本次循环，进入下一次循环
    if(i == 3){
```

```
        continue;
    }
    // 向控制台输出循环变量i的值
    console.log(i);
}
// 以上代码的最终输出结果：0 1 2 4。
```

注：continue不仅可以在for循环中使用，也可以在其他循环中使用。

4. 删除数组中的元素

删除数组中的元素，有以下3种方法。

1）shift()方法：删除数组中的第一个元素。

2）pop()方法：删除数组中的最后一个元素。

3）splice()方法：删除从指定下标开始向后的多个元素。

例如，使用shift()和pop()方法分别删除数组中第一个和最后一个元素，代码如下：

```
// 通过[]方式定义数组并赋值
var arr = [10,20,30,40,50];
// 删除数组中第一个元素。删除后，数组中的值为：20、30、40、50
arr.shift();
// 删除数组中最后一个元素。删除后，数组中的值为：20、30、40
arr.pop();
// 向控制台输出数组中剩余的所有元素
console.log(arr);
```

例如，使用splice()方法删除数组中的多个值，代码如下：

```
// 通过[]方式定义数组并赋值
var arr = [10,20,30,40,50];
// 从下标1开始删除，一共向后删除3个值。删除后数组中的值为：10、50
arr.splice(1,3);
// 向控制台输出数组中剩余的所有元素
console.log(arr);
```

拓展练习

运用学到的知识完成以下拓展任务。

1. 拓展任务1：打砖块——添加砖块。运行效果如图6-4所示。

图 6-4 打砖块——添加砖块

要求：

1）创建一个名为 app 的应用，宽度为 500 像素、高度为 700 像素。

2）添加背景图片。

3）通过循环添加 5 行 10 列的砖块，砖块的 x 坐标从 100 像素开始依次向右排列，砖块的 y 坐标从 200 像素开始依次向下排列。

4）相邻两个砖块 x 坐标与 y 坐标的间隔同为 30 像素。

2. 拓展任务 2：赛车游戏——多车辆移动。运行效果如图 6-5 所示。

图 6-5 赛车游戏——多车辆移动

要求:

1) 创建一个名为 app 的应用,宽度为 480 像素、高度为 800 像素。

2) 添加背景图片。

3) 通过循环创建 7 个赛车图片,并存入数组。最左侧小车的 x 坐标为 140,其余车辆的 x 坐标向右依次排列,间隔为 26;y 坐标是 100 ~ 800 的随机数。

4) 控制数组中的每个小车向上移动,当小车超出屏幕时,将小车的 y 坐标重新设置为 800。

3. 拓展任务 3:大鱼吃小鱼。运行效果如图 6-6 所示。

图 6-6 大鱼吃小鱼

要求:

1) 创建一个名为 app 的应用,宽度为 800 像素、高度为 600 像素。

2) 添加背景图片。

3) 单击背景图片时,在单击位置添加一个鱼的图片。鱼的图片有黄颜色和蓝颜色两种,通过随机数随机选择一种鱼的图片添加到界面中。

4) 所有鱼都在窗口范围内移动,每条鱼的移动速度在 0 ~ 2 随机。

模块 7
添加碰撞功能

学习目标

1. 能够制作飞机连续发射子弹的动画效果。
2. 能够实现子弹与敌机的碰撞、飞机与道具的碰撞功能。
3. 能够实现记录游戏得分的功能。
4. 能够实现多显示元素间的碰撞功能。

学习情境

碰撞是游戏开发中必不可少的一个功能,例如,通过子弹与敌机的碰撞,实现子弹击中敌机的功能。碰撞的核心是判断两个显示元素是否有交集。如果有交集,则认为这两个显示元素发生碰撞。

要实现显示元素的碰撞功能,首先需要确定将要碰撞的两个显示元素的假想圆半径,然后再通过勾股定理计算出这两个显示元素间的距离,最后,判断假想圆半径与显示元素间距离的关系,实现碰撞功能。

本模块通过添加碰撞功能,首先实现飞机与道具的碰撞判断,从而提升飞机发射子弹的频率,然后实现子弹与敌机的碰撞判断,从而实现子弹击中敌机的功能并记录得分,效果如图 7-1 所示。

要实现图 7-1 所示的效果,可以分为以下 4 个步骤:

图 7-1 添加碰撞并记录得分

1）半秒发射一颗子弹。
2）半秒创建一架敌机。
3）飞机与道具碰撞。
4）多子弹与多敌机碰撞。

注：本模块的完整代码详见教材配套资源"example/part7.html"。

实施步骤

1 半秒发射 1 颗子弹。

在模块 6 中通过数组及循环等知识，实现了 10 架敌机的多元素场景的制作。下面将通过变量的计数功能，控制帧频函数的调用频率，实现飞机半秒发射 1 颗子弹的功能。在实现该功能之前，先来了解如何控制帧频函数的调用频率。

 知识链接

控制帧频函数的调用频率

帧频函数每秒执行 60 帧，也就是说帧频函数每秒被调用 60 次。通过变量的计数功能可以控制帧频函数的调用频率，从而实现更加多变的动画显示效果。例如，通过帧频函数一秒创建一架敌机，代码如下：

```
// 创建应用
var app = new PIXI.Application(500, 600);
document.body.appendChild(app.view);

// 背景图片
var bg = new PIXI.Sprite.fromImage("res/bg_02.png");
app.stage.addChild(bg);

// 帧频函数
app.ticker.add(animate);
function animate(){
    // 通过帧频函数调用 createEnemy() 函数创建敌机
    createEnemy();
    // 通过帧频函数调用 moveEnemy() 函数移动敌机
    moveEnemy();
}
```

```javascript
// 定义enemyList 数组，用于存储创建的所有敌机
var enemyList = [];
// 定义变量 index 并赋值为 0，该变量用于控制 createEnemy() 函数的调用频率
var index = 0;
// 定义 createEnemy() 函数，用于实现 1 秒创建 1 架敌机
function createEnemy(){
    // 判断变量 index 的值，通过变量的计数功能，实现每秒（60 帧）创建 1 架敌机
    if(index == 60){
        // 创建敌机并将其添加到舞台
        var enemy = new PIXI.Sprite.fromImage("res/enemy_04.png");
        enemy.anchor.set(0.5,0.5);
        enemy.x = Math.random()*500;
        enemy.y = -50;
        app.stage.addChild(enemy);
        // 将创建的敌机添加到 enemyList 数组中
        enemyList.push(enemy);
        // 重置变量 index 的值
        index = 0;
    }
    // 变量 index 的值递增，实现变量的计数功能
    index++;
}

// 定义 moveEnemy() 函数，用于控制所有敌机的移动
function moveEnemy(){
    // 通过 for 循环遍历 enemyList 数组，控制所有敌机的状态
    for(var i=enemyList.length-1;i>=0;i--){
        // 获得 enemyList 数组中的某一架敌机
        var enemy = enemyList[i];
        // 控制当前敌机向下移动
        enemy.y += 5;
        // 判断敌机是否超出窗口下边界
        if(enemy.y > 650){
            // 若敌机超出窗口下边界，将敌机从舞台中移除
            app.stage.removeChild(enemy);
            // 若敌机超出窗口下边界，将敌机从 enemyList 数组中移除
            enemyList.splice(i,1);
        }
    }
}
```

理解了如何控制帧频函数的调用频率后，接下来在模块 6 的案例游戏代码的基础上，继续编写如下内容，实现飞机每隔半秒发射一颗子弹的功能。

将原有添加子弹显示元素的代码全部注释掉。

```javascript
// 子弹图片
/*var bullet = new PIXI.Sprite.fromImage("res/plane/bullet_02.png");
app.stage.addChild(bullet);
bullet.anchor.x = 0.5;
bullet.anchor.y = 0.5;
bullet.x = plane.x;
bullet.y = plane.y - 100;*/
```

之所以将添加子弹图片的代码全部注释掉，是因为后续将通过函数创建子弹，实现飞机每隔半秒发射 1 颗子弹的功能。

将封装子弹动画函数的代码修改为：

```javascript
// 子弹动画
function moveBullet(){

}
```

该操作删除了子弹动画的所有代码，目前游戏可以正常运行，但是飞机发射子弹的功能却没有了。

在 moveBullet() 函数的代码上方，添加如下内容：

```javascript
// 创建子弹
var bulletSubTime = 30; // 创建子弹间隔
var bulletList = []; // 创建子弹数组
var fireTime = 0; // 创建控制创建子弹频率的计数变量
function addBullet(){
    // 判断变量 fireTime 的值，通过变量的计数功能，实现每隔半秒创建 1 颗子弹
    if(fireTime >= bulletSubTime) {
        // 创建子弹
        var bullet = new PIXI.Sprite.fromImage("res/plane/bullet_02.png");
        app.stage.addChild(bullet);
        bullet.anchor.x = 0.5;
        bullet.anchor.y = 0.5;
        bullet.x = plane.x;
        bullet.y = plane.y - 100;
```

```
        // 将创建的子弹添加到 bulletList 数组中
        bulletList.push(bullet);
        // 重置变量 fireTime 的值
        fireTime = 0;
    }
    // 变量 fireTime 的值递增，实现变量的计数功能
    fireTime++;
}
```

上述代码定义了一个名称为 addBullet 的函数，封装了创建子弹的代码，用于实现每隔半秒创建 1 颗子弹的功能。

将帧频函数修改为：

```
// 帧频函数
app.ticker.add(animate);
function animate() {
    if(isStop) {
        return;
    }
    addBullet(); // 调用创建子弹的函数
    moveBullet();
    moveBg();
    moveYun();
    moveEnemy();
    moveItem();
}
```

上述代码在帧频函数中添加了对 addBullet 函数的调用，实现每隔半秒创建 1 颗子弹的功能。

将封装子弹动画函数的代码修改为：

```
// 子弹动画
var bulletSpeed = 10; // 子弹的移动速度
function moveBullet(){
    // 通过 for 循环遍历 bulletList 数组，控制所有子弹的状态
    for(var i=bulletList.length-1; i>=0; i--){
        // 获得 bulletList 数组中的某一颗子弹
        var bullet = bulletList[i];
        // 控制当前子弹以 bulletSpeed 速度移动
        bullet.y -= bulletSpeed;
```

```
        // 判断当前子弹是否超出窗口上边界
        if(bullet.y < -100) {
            // 若子弹超出窗口上边界,将子弹从舞台中移除
            app.stage.removeChild(bullet);
            // 若子弹超出窗口上边界,将子弹从 bulletList 数组中移除
            bulletList.splice(i, 1);
        }
    }
}
```

上述代码通过 for 循环遍历 bulletList 数组,控制数组中的所有子弹的移动,当子弹超出窗口上边界时,将子弹从舞台和 bulletList 数组中移除,从而实现飞机每隔半秒发射 1 颗子弹的功能,如图 7-2 所示。

图 7-2 飞机每隔半秒发射 1 颗子弹

2 半秒创建 1 架敌机。

步骤 1 通过控制帧频函数的调用频率,实现了飞机每隔半秒发射 1 颗子弹的功能。接下来修改敌机的相关代码,实现每隔半秒创建 1 架敌机的功能。

将原有添加敌机的代码全部注释掉。

```
// 添加敌机
/*var enemyArr = [];
for(var i = 0; i < 10; i ++ ) {
    var enemy = new PIXI.Sprite.fromImage("res/plane/enemy_04.png");
```

```
        app.stage.addChild(enemy);
        enemy.anchor.x = 0.5;
        enemy.anchor.y = 0.5;
        enemy.x = Math.random() * 450 + 50;
        enemy.y = -100 - Math.random()*700;
        enemyArr.push(enemy);
}*/
```

之所以将添加敌机的代码全部注释掉,是因为后续要通过函数创建敌机,实现每隔半秒创建 1 架敌机的功能。

将封装敌机动画函数的代码修改为:

```
// 敌机动画
function moveEnemy(){


}
```

该操作删除了敌机动画的所有代码,目前游戏可以正常运行,但是敌机的功能却没有了。

在 moveEnemy() 函数的代码上方,添加如下内容:

```
// 创建敌机
var enemyList = [];    // 创建敌机数组
var enemyTime = 0;    // 创建控制创建敌机频率的计数变量
function addEnemy() {
    // 判断变量 enemyTime 的值,通过变量计数功能,实现每隔半秒创建 1 架敌机
    if(enemyTime >= 30) {
        // 创建敌机
        var enemy = new PIXI.Sprite.fromImage("res/plane/enemy_04.png");
        app.stage.addChild(enemy);
        enemy.anchor.x = 0.5;
        enemy.anchor.y = 0.5;
        enemy.x = Math.random() * 450 + 50;
        enemy.y = - 100;
        // 将创建的敌机添加到 enemyList 数组中
        enemyList.push(enemy);
        // 重置变量 enemyTime 的值
        enemyTime = 0;
    }
    // 变量 enemyTime 的值递增,实现变量计数功能
    enemyTime++;
}
```

上述代码定义了一个名称为 addEnemy 的函数，封装了创建敌机的代码，用于实现每隔半秒创建 1 架敌机的功能。

将帧频函数修改为：

```
// 帧频函数
app.ticker.add(animate);
function animate() {
    if(isStop) {
        return;
    }
    addBullet();
    moveBullet();
    moveBg();
    moveYun();
    addEnemy();  // 调用创建敌机的函数
    moveEnemy();
    moveItem();
}
```

上述代码在帧频函数中添加了对 addEnemy 函数的调用，实现每隔半秒创建 1 架敌机的功能。

将封装敌机动画函数的代码修改为：

```
// 敌机动画
function moveEnemy(){
    // 通过 for 循环遍历 enemyList 数组，控制所有敌机的状态
    for(var i=enemyList.length-1; i>=0; i--){
        // 获得 enemyList 数组中的某架敌机
        var enemy = enemyList[i];
        // 控制当前敌机的移动
        enemy.y += 3;
        // 判断当前敌机是否超出窗口下边界
        if(enemy.y > 800) {
            // 若敌机超出窗口下边界，将敌机从舞台移除
            app.stage.removeChild(enemy);
            // 若敌机超出窗口下边界，将敌机从 enemyList 数组中移除
            enemyList.splice(i, 1);
        }
    }
}
```

上述代码通过 for 循环遍历 enemyList 数组，控制数组中的所有敌机的移动，当敌机超出窗口下边界时，将敌机从舞台和 enemyList 数组中移除，从而实现每隔半秒创建 1 架敌机的功能，如图 7-3 所示。

图 7-3 每隔半秒创建 1 架敌机

3 飞机与道具碰撞。

步骤 **2** 通过控制帧频函数的调用频率，实现了每隔半秒创建 1 架敌机的功能。接下来在案例游戏代码中添加碰撞功能，实现飞机与道具的碰撞，提升飞机发射子弹的频率。在实现该功能之前，先来了解碰撞的原理及实现方法。

知识链接

碰撞的原理及实现方法

在制作游戏时，判断发射的子弹是否击中敌机，这需要通过碰撞判断来实现。碰撞指的是窗口中两张图片是否有交集。如果有交集，则认为两张图片发生了碰撞，如图 7-4 所示。

为了方便判断两张图片是否有交集，可以把每张图片都看作一个圆，这个圆就是通常所说的假想圆。如图 7-5 所示，飞机图片和子弹图片都有个假想圆。

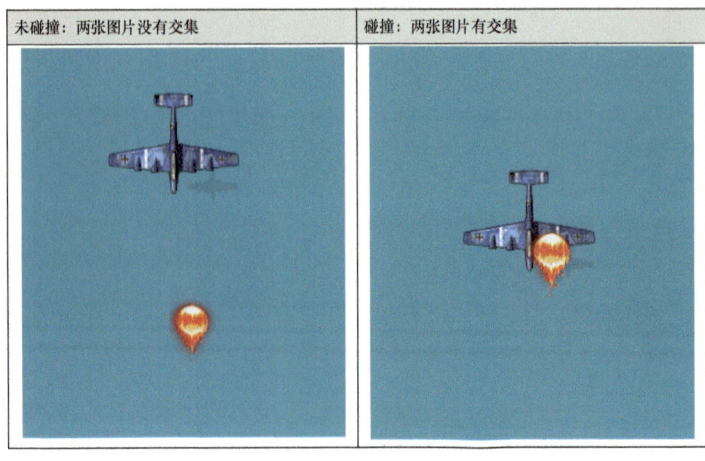
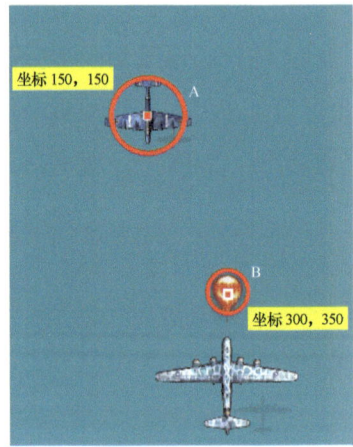

图 7-4　碰撞效果　　　　　　　　图 7-5　假想圆

有了假想圆，在实现碰撞判断时就容易多了，只需要判断两个假想圆是否有交集就可以，如图 7-6 所示。

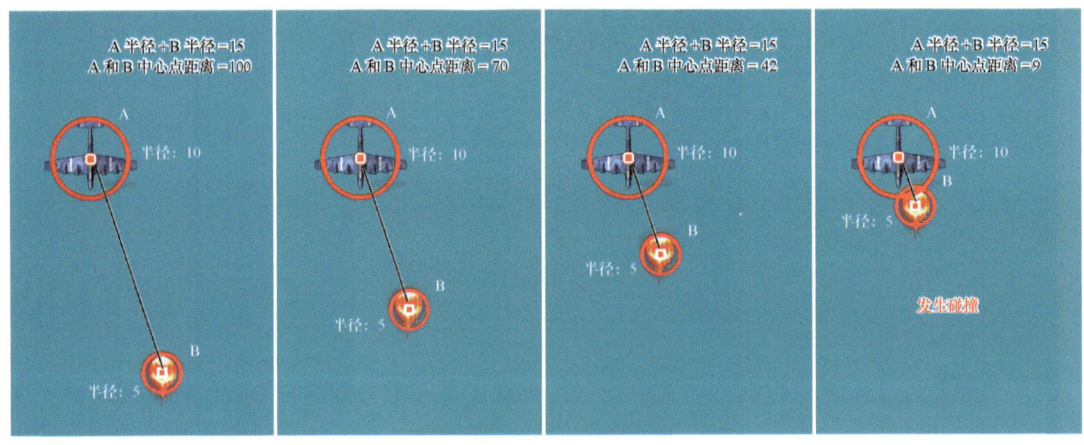

图 7-6　碰撞过程

由图 7-6 可以看出，当 A、B 两张图片中心点距离小于 A、B 两个假想圆的半径之和时，就认为两张图片发生了碰撞。现在的问题是：A、B 两个假想圆的半径是固定的，但 A、B 两张图片中心点的距离如何获得呢？

如果想要获得 A、B 两张图片中心点的距离，那么就要用到数学中的勾股定理，如图 7-7 所示。

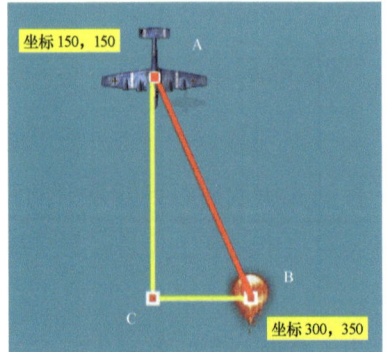

图 7-7　勾股定理

在图 7-7 中，AB 边的距离就是 A、B 两张图片中心点的距离。虽然 AB 边的距离不知道，但 BC 边和 AC 边的距离是能够求出来的。BC 边和 AC 边的距离计算公式如下：

BC 边的距离 = 子弹的 x 坐标 − 飞机的 x 坐标

AC 边的距离 = 子弹的 y 坐标 − 飞机的 y 坐标

由勾股定理，可求出 AB 边的距离。计算公式如下：

$$AB^2 = AC^2 + BC^2$$

AB 边的距离求出来了，但是想要实现碰撞判断，还需要确定 A、B 两张图片假想圆的半径。假想圆半径的确定方法如下：

A 图片假想圆的半径：A 图片的宽和高大约为 80 像素，那么假想圆的半径约为 40 像素。

B 图片假想圆的半径：B 图片的宽和高大约为 40 像素，那么假想圆的半径约为 20 像素。

根据 AB 边的距离及 A、B 两张图片假想圆的半径，碰撞判断的条件如下：

```
if(AB 边距离的平方 < A、B 两张图片假想圆半径之和的平方 ){
    发生碰撞
}
```

实现子弹与敌机碰撞功能的代码如下：

```
// 创建应用
var app = new PIXI.Application(400,400);
document.body.appendChild(app.view);

// 敌机
var enemy = PIXI.Sprite.fromImage("res/plane/enemy_04.png");
enemy.x = 200;
enemy.y = 100;
enemy.anchor.set(0.5,0.5);
app.stage.addChild(enemy);

// 子弹
var bullet = PIXI.Sprite.fromImage("res/plane/bullet_01.png");
bullet.x = 234;
bullet.y = 400;
bullet.anchor.set(0.5,0.5);
app.stage.addChild(bullet);

// 帧频函数
app.ticker.add(animate);
function animate() {
```

```
    // 通过帧频函数调用 moveBullet() 函数移动子弹
    moveBullet();
    // 通过帧频函数调用 crash() 函数实现碰撞判断
    crash();
}

// 移动子弹
function moveBullet() {
    bullet.y -= 10;
    if(bullet.y < 0) {
        bullet.y = 400;
    }
}

// 定义 crash() 函数,实现子弹与敌机的碰撞判断
function crash(){
    // 计算子弹与敌机两张图片中心点距离的平方,并存储到变量 pos 中
    var pos = (bullet.x - enemy.x) * (bullet.x - enemy.x) +
                        (bullet.y - enemy.y) * (bullet.y - enemy.y);
    // 子弹与敌机的碰撞判断
    // pos 是子弹与敌机两张图片中心点距离的平方
    // 60 是子弹与敌机两张图片假想圆半径之和
    // pos < 60 * 60:碰撞判断条件
    if(pos < 60 * 60) {
        // 子弹与敌机碰撞后的处理代码
        enemy.y -= 5;    // 敌机向上移动 5 像素
        bullet.y = 400;  // 子弹重新回到窗口底端,继续向上移动。
    }
}
```

理解了碰撞的原理及实现方法,接下来继续编写案例游戏代码,实现飞机与道具的碰撞功能并提升飞机发射子弹的频率。

在帧频函数的代码下方,添加如下内容:

```
// 飞机与道具碰撞
function planeCrash(){
    // 计算飞机与道具两张图片中心点距离的平方,并存储到变量 pos 中
    var pos = (plane.x - item.x) * (plane.x - item.x) + (plane.y - item.y) * (plane.y - item.y);
```

```
// 飞机与道具的碰撞判断
// pos 是飞机与道具两张图片中心点距离的平方
// 50 是飞机与道具两张图片假想圆半径之和
// pos < 50 * 50：碰撞判断条件
if(pos < 50 * 50) {
    // 飞机与道具碰撞后的处理代码
    bulletSpeed =+ 4；// 提高子弹的移动速度
    bulletSubTime -= 15；// 减小创建子弹的时间间隔
    // 设置创建子弹的时间间隔不能小于 5
    if(bulletSubTime < 5) {
        bulletSubTime = 5；
    }
    // 重置道具图片的 y 坐标
    item.y = -500；
}
}
```

上述代码定义了一个名称为 planeCrash 的函数，封装了飞机与道具碰撞的代码，用于通过碰撞判断提升飞机发射子弹的频率。

将帧频函数修改为：

```
// 帧频函数
app.ticker.add(animate)；
function animate() {
    if(isStop) {
        return；
    }
    addBullet()；
    moveBullet()；
    moveBg()；
    moveYun()；
    addEnemy()；
    moveEnemy()；
    moveItem()；
    planeCrash()；// 调用飞机与道具碰撞判断函数
}
```

上述代码在帧频函数中添加了对 planeCrash 函数的调用，实现飞机与道具碰撞判断功能，如图 7-8 所示。

图7-8 飞机与道具碰撞

4 多子弹与多敌机碰撞。

步骤 3 通过飞机与道具的碰撞判断,提升了飞机发射子弹的频率。接下来将继续编写案例游戏代码,通过多子弹与多敌机的碰撞判断,实现子弹击中敌机的功能并记录游戏得分。在实现该功能之前,先来了解多子弹与多飞机碰撞的原理及实现方法。

 知识链接

多子弹与多飞机碰撞

在制作多子弹与多飞机的碰撞功能时,有两点需要注意:

1)如何存储多架飞机和多颗子弹?

在程序中,如果需要同时存储多个数据,最好的解决办法就是数组。所以,可以定义两个数组,分别存储多架飞机和多颗子弹,如图7-9所示。

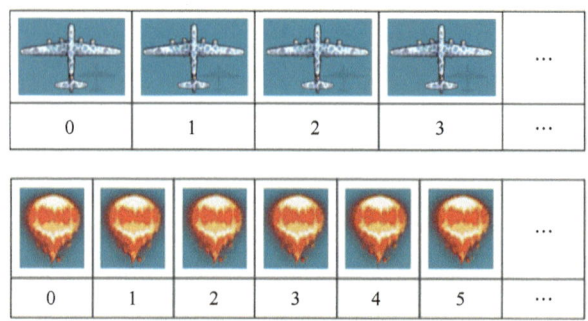

图7-9 飞机、子弹数组

2）如何实现多飞机与多子弹的碰撞判断？

多飞机与多子弹的碰撞，需要对每颗子弹与每架飞机分别做碰撞判断，如图 7-10 所示。

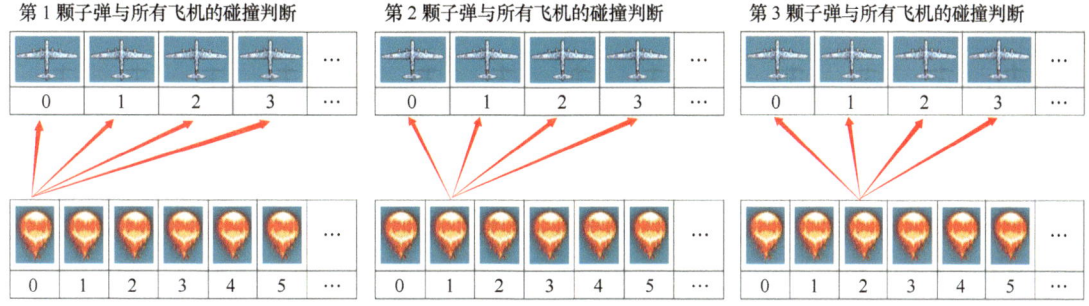

图 7-10　多飞机与多子弹碰撞

在图 7-10 中，首先对第 1 颗子弹与所有飞机进行碰撞判断，然后对第 2 颗子弹与所有飞机进行碰撞判断，以此类推，这样也就实现了每颗子弹与每架飞机的碰撞判断功能。代码如下：

```
// 创建应用
var app = new PIXI.Application(400,500);
document.body.appendChild(app.view);

// 飞机
var plane = PIXI.Sprite.fromImage("res/plane/plane_blue_01.png");
plane.anchor.set(0.5,0.5);
plane.x = 200;
plane.y = 400;
app.stage.addChild(plane);

// 鼠标移动事件
app.stage.interactive = true;
app.stage.on('mousemove',movePlane);
function movePlane(event) {
    var pos=event.data.getLocalPosition(app.stage);
    plane.x = pos.x;
    plane.y = pos.y;
}

// 创建数组，存储创建的所有敌机
var enemyList = [];
```

```javascript
// 创建数组，存储创建的所有子弹
var bulletList = [];

// 帧频函数
app.ticker.add(animate);
function animate() {
    addEnemy();   // 调用函数创建敌机
    moveEnemy();  // 调用函数移动敌机
    addBullet();  // 调用函数创建子弹
    moveBullet(); // 调用函数移动子弹
    crash();      // 调用函数实现所有敌机与所有子弹的碰撞判断
}

// 创建敌机
var a = 0;
function addEnemy() {
    if(a == 20) {
        var enemy = PIXI.Sprite.fromImage("res/plane/enemy_04.png");
        enemy.anchor.set(0.5,0.5);
        enemy.x = Math.random() * 400;
        app.stage.addChild(enemy);

        // 将敌机添加到数组
        enemyList.push(enemy);

        a = 0;
    }
    a++;
}

// 移动敌机
function moveEnemy() {
    for(var i=enemyList.length-1;i>=0;i--) {
        var enemy = enemyList[i];
        enemy.y += 4;
        // 删除超出窗口边界的敌机
        if(enemy.y > 600) {
```

```
            app.stage.removeChild(enemy);
            enemyList.splice(i,1);
        }
    }
}

// 创建子弹
var b = 0;
function addBullet() {
    if(b == 5) {
        var bullet = PIXI.Sprite.fromImage("res/plane/bullet_01.png");
        bullet.anchor.set(0.5,0.5);
        bullet.y = plane.y;
        bullet.x = plane.x;
        app.stage.addChild(bullet);

        // 将子弹添加到数组
        bulletList.push(bullet);

        b = 0;
    }
    b++;
}

// 移动子弹
function moveBullet() {
    for(var i=bulletList.length-1;i>=0;i--) {
        var bullet = bulletList[i];
        bullet.y -= 20;
        // 删除超出窗口边界的子弹
        if(bullet.y < -100) {
            app.stage.removeChild(bullet);
            bulletList.splice(i,1);
        }
    }
}

// 实现多飞机与多子弹的碰撞判断
function crash(){
```

```
    // 遍历存储子弹数组
    for(var i=0;i<bulletList.length;i++) {
        var bullet = bulletList[i];

        // 遍历存储敌机数组
        for(var j=0;j<enemyList.length;j++) {
            var enemy = enemyList[j];

            var pos = (bullet.x - enemy.x) * (bullet.x - enemy.x) +
                      (bullet.y - enemy.y) * (bullet.y - enemy.y);
            // 碰撞判断
            // pos：当前子弹与敌机两张图片中心点距离的平方
            // 60：飞机与子弹两张图片假想圆半径之和
            // pos < 60 * 60：碰撞判断的条件
            if(pos < 60 * 60) {
                // 销毁子弹
                app.stage.removeChild(bullet);
                bulletList.splice(i, 1);
                // 销毁敌机
                app.stage.removeChild(enemy);
                enemyList.splice(j, 1);

                break;
            }
        }
    }
}
```

理解了多子弹与多飞机碰撞的原理及实现方法，接下来继续编写案例游戏代码，实现多子弹与多敌机的碰撞功能。

在帧频函数的代码下方，添加如下内容：

```
// 定义变量，用于记录当前游戏得分
var scoreNum = 0;
// 多子弹与多敌机碰撞
function bulletCrash(){
    // 遍历存储子弹的数组
    for(var j=bulletList.length-1; j>=0; j--) {
        var bullet = bulletList[j];
```

```
    // 遍历存储敌机的数组
    for(var i=enemyList.length-1; i>=0 ; i--) {
        var enemy = enemyList[i];

        var pos = (bullet.x - enemy.x) * (bullet.x - enemy.x) +
                  (bullet.y - enemy.y) * (bullet.y - enemy.y);
        // 碰撞判断
        if(pos < 60 * 60) {
            // 销毁子弹
            app.stage.removeChild(bullet);
            bulletList.splice(j, 1);
            // 销毁敌机
            app.stage.removeChild(enemy);
            enemyList.splice(i, 1);
            // 记录并累加游戏得分
            scoreNum += 200;
            score.text = "得分：" + scoreNum;
            break;
        }
    }
}
```

上述代码定义了一个名称为bulletCrash的函数，封装了多子弹与多敌机的碰撞判断，用于实现了子弹击中敌机的功能并记录游戏得分。

将帧频函数修改为：

```
// 帧频函数
app.ticker.add(animate);
function animate() {
    if(isStop) {
        return;
    }
    addBullet();
    moveBullet();
    moveBg();
    moveYun();
```

```
    addEnemy();
    moveEnemy();
    moveItem();
    planeCrash();
    bulletCrash();   // 调用多子弹与多敌机碰撞判断函数
}
```

上述代码在帧频函数中添加了对 bulletCrash 函数的调用，通过多子弹与多敌机的碰撞判断，实现子弹击中敌机的功能并记录游戏得分，如图 7-11 所示。

图 7-11 多子弹与多敌机碰撞

知识补充

勾股定理

勾股定理是一个基本的几何定理，指直角三角形的两条直角边的平方和等于斜边的平方。中国古代称直角三角形为勾股形，直角边中较小者为勾，另一长直角边为股，斜边为弦，所以称这个定理为勾股定理。

结合图 7-12，通过勾股定理可以得出如下结论：

$AB^2 = AC^2 + BC^2$

$AC^2 = AB^2 - BC^2$

$BC^2 = AB^2 - AC^2$

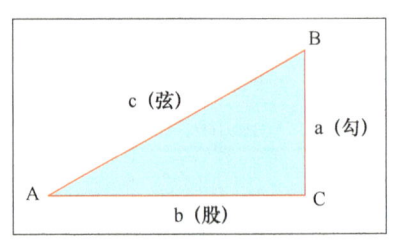

图 7-12 勾股定理

拓展练习

运用学到的知识完成以下拓展任务。

1. 拓展任务 1：一秒发射两颗子弹。运行效果如图 7-13 所示。

图 7-13 一秒发射两颗子弹

要求：

1）创建一个名为 app 的应用，宽度为 1000 像素、高度为 600 像素。
2）添加背景、豌豆图片。
3）通过帧频函数，每秒创建两颗子弹，并存入数组中。
4）控制数组中每颗子弹向右移动，超出屏幕时将子弹删除。

2. 拓展任务 2：随机移动的小球。运行效果如图 7-14 所示。

图 7-14 随机移动的小球

要求：

1）创建一个名为 app 的应用，宽度为 600 像素、高度为 600 像素。
2）添加两个小球的图片。
3）两个小球的 x 和 y 坐标为 10～590 的随机数。

4）通过帧频函数，每秒改变一次小球的位置。

3. 拓展任务 3：飘落的雪花。运行效果如图 7-15 所示。

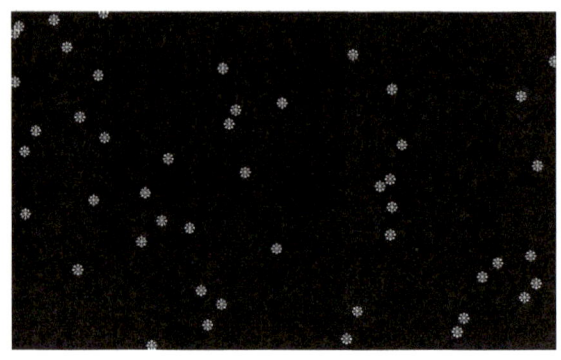

图 7-15　飘落的雪花

要求：

1）创建一个名为 app 的应用，宽度为 1000 像素、高度为 600 像素。
2）通过帧频函数，每 6 帧创建一个雪花并存入数组中。
3）控制数组中所有雪花向下移动，超出屏幕时，将雪花删除。

提示　　雪花❋是一个特殊字符，利用 PIXI.Text 文本创建。

4. 拓展任务 4：屏幕保护系统。运行效果如图 7-16 所示。

图 7-16　屏幕保护系统

要求：

1）创建一个名为 app 的应用，宽度为 700 像素、高度为 500 像素。
2）添加背景、两个气泡图片。
3）两个气泡的初始坐标位置都是在窗口范围内随机的。

4）两个气泡默认都是向右下方移动，而且它们 x 和 y 坐标的移动速度都是 1 像素。

5）当两个气泡碰到窗口边界时，开始向反方向移动。

6）当两个气泡相撞时，出现反弹效果。

5．拓展任务 5：打砖块——多小球。运行效果如图 7-17 所示。

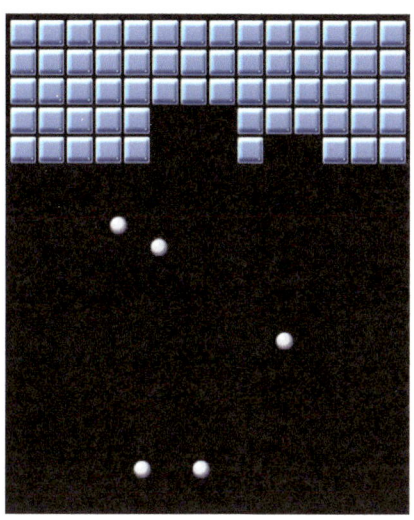

图 7-17 打砖块——多小球

要求：

1）创建一个名为 app 的应用，宽度为 500 像素、高度为 600 像素。

2）在屏幕顶端，添加 5 行 14 列的砖块，并存入数组中。

3）添加 5 个小球图片，每个小球的 x、y 坐标的移动速度在 −5 ～ 5。

4）所有小球在窗口范围内移动，碰到屏幕边界反弹。

5）小球与砖块碰撞时，小球反弹、砖块删除。

模块 8
制作精灵动画

学习目标

1. 能够通过图片纹理,创建图片显示元素。
2. 能够切换图片纹理,更改图片显示内容。
3. 能够独立制作精灵动画。

学习情境

精灵动画也叫逐帧动画,其原理是快速切换图片纹理,从而形成一个连续的动画显示效果。要完成逐帧动画的制作,首先需要创建一个图片数组,然后创建一个动画,并将数组中的图片作为动画切换的纹理,从而实现逐帧动画效果。

本模块首先给飞机添加逐帧动画,优化飞机的动画显示效果,然后给敌机添加被子弹击中时爆炸的逐帧动画,如图8-1所示。

要实现图8-1所示的展示效果,可以分为以下2个步骤:

1)制作飞机精灵动画。
2)制作敌机爆炸动画。

图 8-1 飞机精灵和敌机爆炸

注:本模块的完整代码详见教材配套资源 "example/part8.html"。

实施步骤

1 制作飞机精灵动画。

在模块 7 中通过碰撞判断，实现了提升飞机发射子弹频率及子弹击中敌机并记录游戏得分的功能。下面通过逐帧动画优化飞机动画显示效果。在实现该功能之前，先来了解如何快速实现逐帧动画。

知识链接

快速实现逐帧动画

逐帧动画也叫精灵动画，其原理是快速切换图片纹理，从而形成一个连续的动画显示效果。例如，实现飞机的逐帧动画，代码如下：

```
// 创建应用
var app = new PIXI.Application(400,400);
document.body.appendChild(app.view);

// 创建一个图片数组，用于充当逐帧动画的纹理
var imageList = [];
imageList.push("res/plane/plays/planplay_1.png");
imageList.push("res/plane/plays/planplay_2.png");
imageList.push("res/plane/plays/planplay_3.png");
imageList.push("res/plane/plays/planplay_4.png");

// 创建逐帧动画 plane，并将数组 imageList 中的图片作为动画切换的纹理
var plane = new PIXI.extras.AnimatedSprite.fromImages(imageList);
app.stage.addChild(plane);
// 设置动画的播放速度，也就是纹理的切换速度
// 设速度为 0 至 1 之间的小数，0 最慢，1 最快
plane.animationSpeed = 0.2;
// 逐帧动画默认是停止状态，需要调用 play() 函数进行播放
plane.play();
```

理解了如何快速实现逐帧动画，接下来在模块 7 的案例游戏代码的基础上继续编写如下内容，通过逐帧动画优化飞机动画显示效果。

将原有添加飞机显示元素的代码修改为：

```javascript
// 创建图片数组,用于充当飞机逐帧动画的纹理。
var alienImages = [
    "res/plane/plays/planplay_1.png",
    "res/plane/plays/planplay_2.png",
    "res/plane/plays/planplay_3.png",
    "res/plane/plays/planplay_4.png",
    "res/plane/plays/planplay_5.png",
    "res/plane/plays/planplay_6.png",
    "res/plane/plays/planplay_7.png",
    "res/plane/plays/planplay_8.png",
    "res/plane/plays/planplay_9.png",
    "res/plane/plays/planplay_10.png",
    "res/plane/plays/planplay_11.png"
];

// 创建飞机逐帧动画,并将数组 alienImages 中的图片作为动画切换的纹理
var plane = new PIXI.extras.AnimatedSprite.fromImages(alienImages);
app.stage.addChild(plane);
plane.x = 250;
plane.y = 550;
plane.anchor.x = 0.5;
plane.anchor.y = 0.5;
// 设置逐帧动画的播放速度
plane.animationSpeed = 0.2;
```

上述代码创建了飞机的逐帧动画,并将数组 alienImages 中的 11 张图片作为逐帧动画切换的纹理。

将"暂停"和"继续"两个按钮的鼠标单击事件修改为:

```javascript
// "暂停"按钮的鼠标单击事件
pauseBtn.interactive = true;
pauseBtn.on("click", pause);
function pause() {
    isStop = true;
    resumeBtn.visible = true;
    pauseBtn.visible = false;
    // 游戏暂停,停止飞机的逐帧动画
```

```
        plane.stop();
}

// "继续"按钮的鼠标单击事件
resumeBtn.interactive = true;
resumeBtn.on("click", resume);
function resume() {
    isStop = false;
    resumeBtn.visible = false;
    pauseBtn.visible = true;
    // 游戏继续，播放飞机的逐帧动画
    plane.play();
}
```

上述代码在"暂停"和"继续"两个按钮的鼠标单击事件中，分别添加了 plane.stop() 和 plane.play() 语句，当游戏暂停时飞机的逐帧动画随之停止，而游戏继续时飞机的逐帧动画也随之播放，如图 8-2 所示。

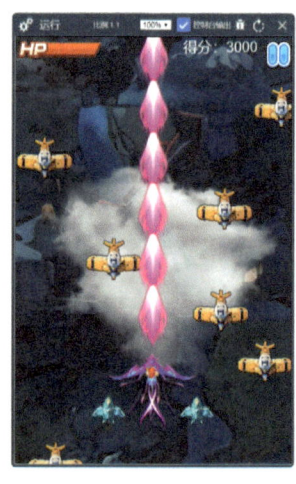

图 8-2　飞机的逐帧动画

2 制作敌机爆炸动画。

步骤 1 通过逐帧动画优化了飞机显示效果，下面给敌机添加被子弹击中时爆炸的逐帧动画。在实现该功能之前，先来了解关于逐帧动画更多控制选项的使用方法。

 **知识链接**

逐帧动画的控制选项

逐帧动画 AnimatedSprite 也是一个对象，通过调用属性和方法可以实现对逐帧动画的更多控制。AnimatedSprite 对象的常用属性和方法见表 8-1。

表 8-1　AnimatedSprite 对象的常用属性和方法

	名称	作用
属性	animationSpeed	动画播放速度
	currentFrame	动画当前播放到第几帧
	loop	动画是否循环播放
	playing	动画是否正在播放
	textures	动画对应的纹理数组
	totalFrames	动画的总帧数

(续)

	名称	作用
属性	onComplete	指定动画播放完毕时执行的函数
	onLoop	指定动画每次循环播放开始时执行的函数
方法	play()	播放动画
	stop()	停止动画
	gotoAndPlay(frameNumber)	从指定帧开始播放动画
	gotoAndStop(frameNumber)	动画跳转到指定帧，并停止播放

注：AnimatedSprite 对象除了表 8-1 中列举的属性和方法外还有很多，在此就不一一列举了。

下面的代码展示了 AnimatedSprite 对象的 loop、animationSpeed、playing 属性和 play()、stop() 方法的使用。

```
// 创建应用
var app = new PIXI.Application(500,500);
document.body.appendChild(app.view);

// 创建图片数组，用于充当逐帧动画的纹理
var imageList = [];
for(var i=1;i<=9;i++){
    imageList.push("res/plane/plays/planplay_"+i+".png");
}

// 创建逐帧动画，并将数组 imageList 中的图片作为动画切换的纹理
var plane = new PIXI.extras.AnimatedSprite.fromImages(imageList);
plane.anchor.set(0.5,0.5);
plane.x = 250;
plane.y = 250;
app.stage.addChild(plane);
plane.loop = true; // 设置逐帧动画循环播放
plane.animationSpeed = 0.2; // 设置逐帧动画的播放速度

// "播放" 按钮
var btnPlay = new PIXI.Text("播放",{fill:0xffffff});
btnPlay.x = 10;
btnPlay.y = 50;
btnPlay.buttonMode = true;
app.stage.addChild(btnPlay);

// 单击 "播放" 按钮，开始播放动画
```

```javascript
btnPlay.interactive = true;
btnPlay.on("click",function(){
    plane.play();  // 播放逐帧动画
});

// "停止"按钮
var btnStop = new PIXI.Text("停止",{fill:0xffffff});
btnStop.x = 10;
btnStop.y = 100;
btnStop.buttonMode = true;
app.stage.addChild(btnStop);

// 单击"停止"按钮，停止播放动画
btnStop.interactive = true;
btnStop.on("click",function(){
    plane.stop();  // 停止逐帧动画
});

// 显示信息的文本
var txt = new PIXI.Text(" ",{fill:0xff0000});
txt.anchor.set(0.5,0.5);
txt.x = 250;
txt.y = 30;
app.stage.addChild(txt);

// 通过帧频函数，时时获得动画状态
app.ticker.add(function(){
    // 判断逐帧动画的播放状态
    // plane.playing：动画是否正在播放
    // plane.currentFrame：动画当前播放到第几帧
    if(plane.playing){
        txt.text = "动画正在播放，帧数："+plane.currentFrame;
    }
    else{
        txt.text = "动画已停止";
    }
});
```

理解了逐帧动画更多控制选项的使用方法，接下来继续编写案例游戏代码，实现敌机被子弹击中时爆炸的逐帧动画。

在帧频函数的代码下方，添加如下内容：

```
// 存储敌机爆炸逐帧动画的数组
var bombList = [];

// 敌机爆炸图片数组
var bombImageList = [
    "res/texiao/bao01.png",
    "res/texiao/bao02.png",
    "res/texiao/bao03.png",
    "res/texiao/bao04.png",
    "res/texiao/bao05.png",
    "res/texiao/bao06.png",
    "res/texiao/bao07.png"
];
```

上述代码定义了两个数组：bombList 数组用于存储敌机爆炸的逐帧动画；bombImageList 数组存储的是逐帧动画切换的纹理图片。

将封装多子弹与多敌机碰撞的函数代码修改为：

```
// 定义变量，用于记录当前游戏得分
var scoreNum = 0;
// 多子弹与多敌机碰撞
function bulletCrash(){
    // 遍历存储子弹的数组。
    for(var j=bulletList.length-1; j>=0; j--) {
        var bullet = bulletList[j];
        // 遍历存储敌机的数组。
        for(var i=enemyList.length-1; i>=0 ; i--) {
            var enemy = enemyList[i];

            var pos = (bullet.x - enemy.x) * (bullet.x - enemy.x) +
                      (bullet.y - enemy.y) * (bullet.y - enemy.y);
            // 碰撞判断
            if(pos < 60 * 60) {
                // 敌机爆炸的逐帧动画
                var bomb = new PIXI.extras.AnimatedSprite.fromImages(bombImageList);
                bomb.anchor.set(0.5, 0.5);
```

```
                    bomb.x = enemy.x;
                    bomb.y = enemy.y;
                    app.stage.addChild(bomb);
                    bomb.animationSpeed = 0.25;  // 设置逐帧动画的播放速度
                    bomb.loop = false;  // 设置逐帧动画只播放一次
                    bomb.play();  // 播放逐帧动画。
                    bombList.push(bomb);  // 将当前逐帧动画添加到数组 bombList 中
                    // 销毁子弹
                    app.stage.removeChild(bullet);
                    bulletList.splice(j, 1);
                    // 销毁敌机
                    app.stage.removeChild(enemy);
                    enemyList.splice(i, 1);
                    // 记录并累加游戏得分
                    scoreNum += 200;
                    score.text = "得分: " + scoreNum;
                    break;
                }
            }
        }
    }
```

上述代码的功能是通过多子弹与多敌机的碰撞判断,当子弹与敌机发生碰撞时,在敌机所在位置创建一个爆炸的逐帧动画,该动画只播放一次,从而实现敌机被子弹击中时爆炸的动画效果。

在爆炸图片数组 bombImageList 的代码下方,继续添加如下内容:

```
// 删除爆炸动画
function removeBomb(){
    // 遍历存储敌机爆炸动画的数组 bombList
    for(var i=bombList.length-1;i>=0;i--){
        // 判断当前逐帧动画是否播放结束
        if(bombList[i].playing == false){
            // 若当前逐帧动画播放结束,将其从舞台中移除
            app.stage.removeChild(bombList[i]);
            // 若当前逐帧动画播放结束,将其从数组 bombLIst 中移除
            bombList.splice(i,1);
        }
    }
}
```

上述代码封装了一个 removeBomb() 函数,实现当敌机爆炸的逐帧动画播放结束时,将其从舞台和 bombList 数组中移除。

将帧频函数修改为:

```
// 帧频函数
app.ticker.add(animate);
function animate() {
    if(isStop) {
        return;
    }
    addBullet();
    moveBullet();
    moveBg();
    moveYun();
    addEnemy();
    moveEnemy();
    moveItem();
    planeCrash();
    bulletCrash();
    removeBomb();  // 调用删除爆炸动画的函数
}
```

上述代码在帧频函数中添加了对 removeBomb 函数的调用,时时检测敌机爆炸的逐帧动画是否播放结束,如果逐帧动画播放结束,则将其从舞台和数组 bombList 中移除,完成敌机爆炸逐帧动画的全部操作,如图 8-3 所示。

图 8-3 敌机爆炸逐帧动画

知识补充

1.切换图片纹理

切换图片纹理就是更改图片显示内容。例如,通过鼠标单击背景图片,更改飞机图片显示内容,代码如下:

```
// 创建应用
var app = new PIXI.Application(400,400);
document.body.appendChild(app.view);
```

```
// 背景图片
var bg = new PIXI.Sprite.fromImage("res/plane/bg/img_bg_level_2.jpg");
app.stage.addChild(bg);

// 飞机图片
var plane = new PIXI.Sprite.fromImage("res/plane_blue_01.png");
app.stage.addChild(plane);

// 创建纹理，纹理的内容是 res/plane/main/img_plane_main_06.png 路径下的图片
var texture1 = new PIXI.Texture.fromImage("res/plane/main/img_plane_main_06.png");

// 背景图片鼠标单击事件
bg.interactive = true;
bg.on("click", changeImage);
function changeImage() {
    // 将飞机图片 plane 的纹理更改为 texture1 所指定的纹理内容
    plane.texture = texture1;
}
```

注：纹理虽然也是一张图片，但并不能直接添加到舞台显示。

2．通过图片纹理创建图片显示元素

纹理的内容是一张图片，所以通过纹理也可以直接创建图片显示元素。例如，下面的代码段通过纹理创建了一架飞机。

```
// 创建应用
var app = new PIXI.Application(500,500);
document.body.appendChild(app.view);

// 创建纹理，纹理的内容是 res/plane_blue_01.png 路径下的图片。
var texture1 = new PIXI.Texture.fromImage("res/plane_blue_01.png");

// 通过纹理 texture1 创建飞机图片 plane 显示元素
var plane = new PIXI.Sprite(texture1);
app.stage.addChild(plane);
```

拓展练习

运用学到的知识完成以下拓展任务。

1. 拓展任务1：选择战机。运行效果如图8-4所示。

要求：

1）创建一个名为app的应用，宽度为600像素、高度为500像素。

2）添加背景图片、4个飞机图片，以及"选择战机"文字信息。

3）当鼠标移动到下边三架飞机中的任意一架上时，鼠标指针变成小手样式。

4）背景图片由上向下缓慢移动。

5）当单击下边三架飞机中的任意一架时，上边的飞机变成被单击的飞机的图片纹理，同时，被单击的飞机出现闪烁效果。

提示 帧频函数配合着图片的visible属性可以实现闪烁效果。

2. 拓展任务2：跑酷游戏——角色跳起。运行效果如图8-5所示。

图8-4 选择战机

图8-5 跑酷游戏——角色跳起

要求：

1）创建一个名为app的应用，宽度为800像素、高度为500像素。

2）添加背景、人物角色、路面、"跳起"按钮图片。

3）当鼠标移动到"跳起"按钮时，鼠标指针变成小手样式。

4）当单击"跳起"按钮时，人物角色实现起跳的效果，人物角色在起跳和落回地面时，需要更改图片纹理。

3. 拓展任务3：找头像——反转头像。运行效果如图8-6所示。

图8-6 找头像——反转头像

要求：

1）创建一个名为 app 的应用，宽度为 500 像素、高度为 800 像素。

2）制作找头像游戏界面，添加背景和头像图片。

3）单击头像进行反转并随机切换头像。

4）头像的文件路径和名称如下：

res/lianxi/findFace/1.png

res/lianxi/findFace/2.png

…

res/lianxi/findFace/20.png

4．拓展任务 4：植物大战僵尸——僵尸移动。运行效果如图 8-7 所示。

图 8-7　植物大战僵尸——僵尸移动

要求：

1）创建一个名为 app 的应用，宽度为 1000 像素、高度为 600 像素。

2）制作游戏界面，添加背景图片、僵尸图片。

3）通过帧频函数切换僵尸图片纹理，实现僵尸走动的效果。

4）在背景图片上按住鼠标左键，僵尸向左移动；松开鼠标左键，僵尸向右移动。

5）僵尸图片的文件路径和文件名如下：

res/lianxi/zhi/ConeheadZombie1.png

res/lianxi/zhi/ConeheadZombie2.png

…

res/lianxi/zhi/ConeheadZombie21.png

5．拓展任务 5：跑酷游戏。运行效果如图 8-8 所示。

模块 8　制作精灵动画

图 8-8　跑酷游戏

要求：

1）创建一个名为 app 的应用，宽度为 510 像素、高度为 260 像素。
2）添加背景、路面、人物图片。
3）通过帧频函数控制背景图片、路面图片向左移动。
4）利用 AnimatedSprite 实现人物跑动的效果。

6．拓展任务 6：飞机爆炸。运行效果如图 8-9 所示。

图 8-9　飞机爆炸

要求：

1）创建一个名为 app 的应用，宽度为 400 像素、高度为 400 像素。
2）添加背景、飞机、爆炸图片。
3）添加子弹图片并控制子弹图片从下向上移动。
4）当子弹与飞机碰撞时，子弹重新回到窗口底端向上移动，同时飞机显示爆炸效果。

模块 9
发布运行游戏

学习目标

1. 能够独立安装 Web 服务器并发布游戏程序。
2. 能够通过浏览器访问 Web 服务器中部署的游戏程序。

学习情境

发布游戏或部署游戏是指将编写好的游戏程序放置到 Web 服务器的指定目录中。在 Web 服务器正常运行的情况下，互联网中的所有用户都可以在浏览器地址栏中输入指定 IP 地址访问到该游戏程序。

本模块首先安装 Apache 2.2 版本的 Web 服务器软件，然后将编写完成的游戏程序放到 Apache 2.2 的部署目录下，并通过浏览器进行正常访问，如图 9-1 所示。

图 9-1 游戏显示效果

要实现图 9-1 所示的效果，可以通过以下 3 个步骤：

1）安装 Web 服务器。
2）部署游戏程序。
3）运行游戏程序。

注：本模块的完整代码详见教材配套资源"example/part9.html"。

实施步骤

1 安装 Web 服务器。

在模块 8 中通过逐帧动画优化了飞机显示效果，然后又实现了敌机被子弹击中时爆炸的动画效果，至此，关于当前游戏案例的基本功能全部编写完成。接下来，安装 Web 服务器并发布运行游戏。

发布游戏前必须要准备好完整的游戏项目相关资源，包括编写游戏代码的 HTML 文件、PIXI 游戏引擎文件、图片资源文件等。其中，HTML 文件通过浏览器就可以直接运行，但 PIXI 游戏引擎文件必须要部署到 Web 服务器中才可以正常运行。

Web 服务器软件用于提供网络访问服务。在 Web 服务器软件中部署的项目，打开浏览器通过 IP 地址就可以访问。常见的 Web 服务器软件包括 Apache、Nginx、IIS 等。

Apache 2.2 是一款开源的服务器软件，通过互联网下载后直接安装即可使用。下载的 Apache 2.2 安装程序如图 9-2 所示。

图 9-2 Apache 2.2 的安装程序

双击 Apache 2.2 的安装程序，进入其安装向导。首先进入欢迎界面，如图 9-3 所示。
单击 "Next" 按钮，进入许可协议（License Agreement）界面，选择同意协议，如图 9-4 所示。
单击 "Next" 按钮，进入 Apache 服务器介绍（Read This First）界面，如图 9-5 所示。

单击"Next"按钮后，进入填写服务器信息（Server Information）界面。在该界面需设置 4 项内容：第 1 项填写网络域（Network Domain），该内容随意填写；第 2 项填写服务器名称（Server Name），该内容随意填写；第 3 项填写管理员的邮箱地址（Administrator's Email Address），该内容随意填写，但格式必须符合邮箱地址格式要求；第 4 项选择当前软件将要使用的端口号为 80 端口（for All Users, on Port 80, as a Service--Recommended.）。具体如图 9-6 所示。

单击"Next"按钮后，进入选择安装类型（Setup Type）界面，选择"Custom"单选按钮，如图 9-7 所示。

图 9-3　安装向导的欢迎界面

图 9-4　许可协议界面

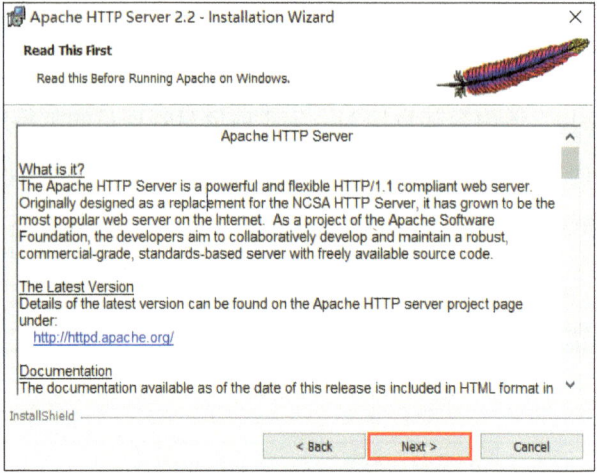

图 9-5　Apache 服务器介绍界面

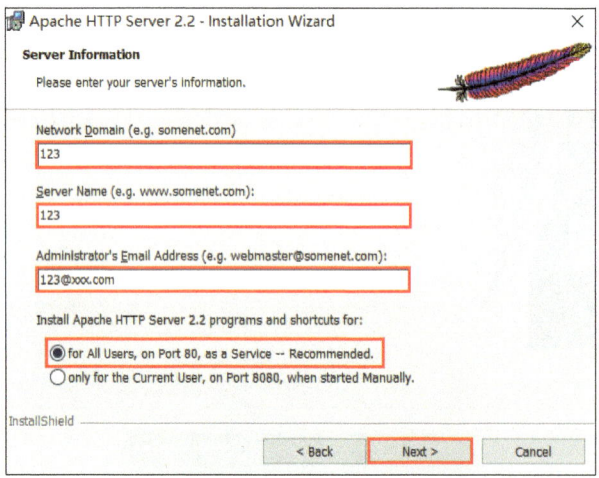

图 9-6　填写服务器信息界面

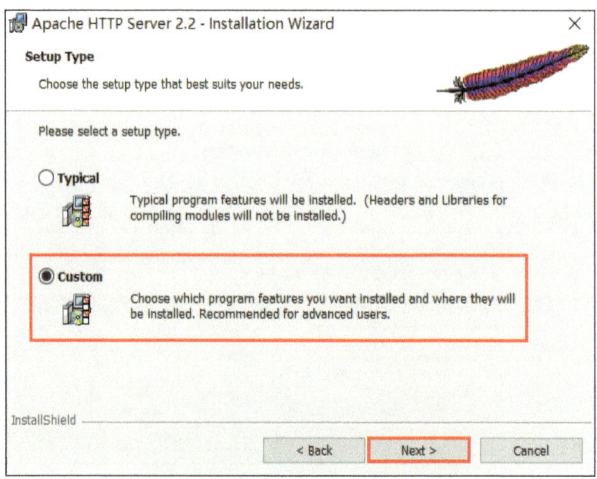

图 9-7　选择安装类型界面

单击"Next"按钮后,进入选择安装目录(Custom Setup)界面,单击界面右下角的"Change"按钮可以更改 Apache 服务器软件的安装位置,如图 9-8 所示。

单击"Next"按钮后,进入准备安装(Ready to Install Program)界面(见图 9-9),单击"Install"按钮开始安装,如图 9-10 所示。

软件安装完成界面如图 9-11 所示。单击"Finish"按钮结束安装。

Apache 2.2 服务器安装完成后,进入 Apache 2.2 安装目录下的 bin 文件夹,如图 9-12 所示。

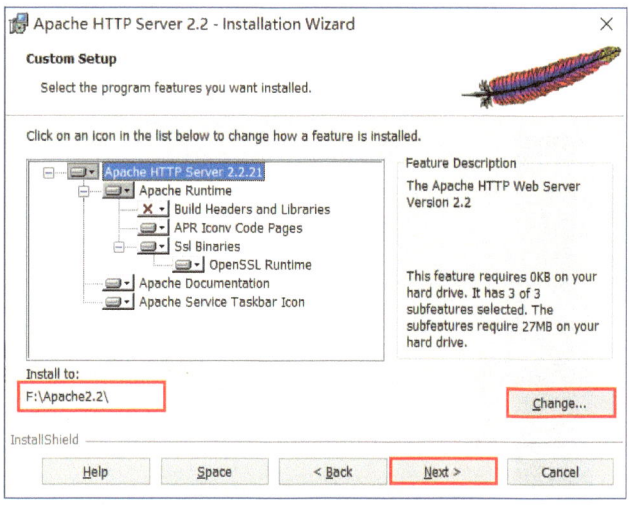

图 9-8 选择安装目录界面

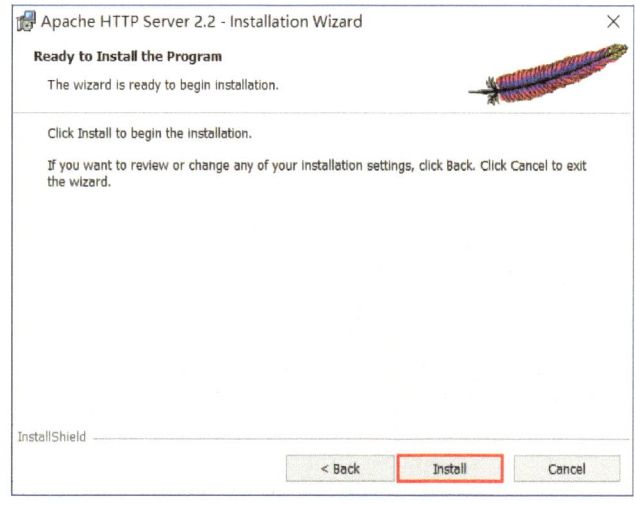

图 9-9 准备安装界面

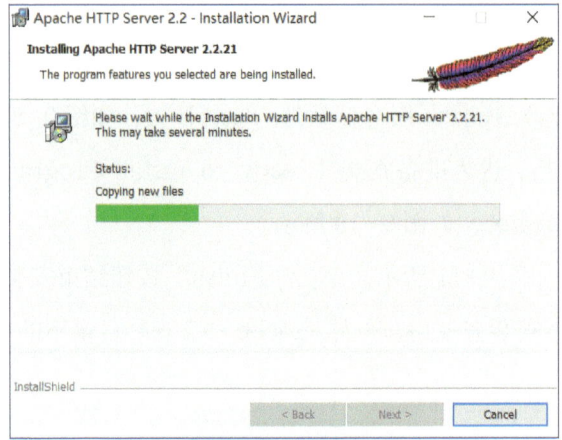

图 9-10　安装软件

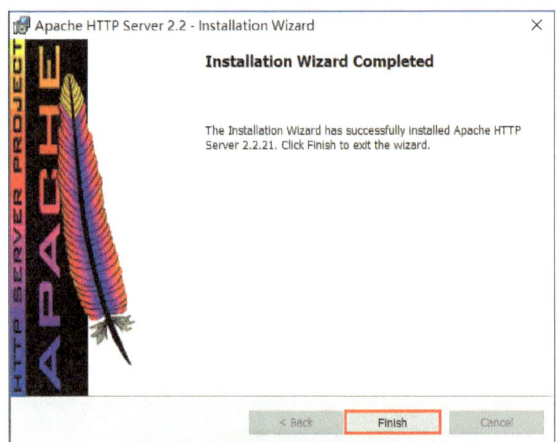

图 9-11　安装完成

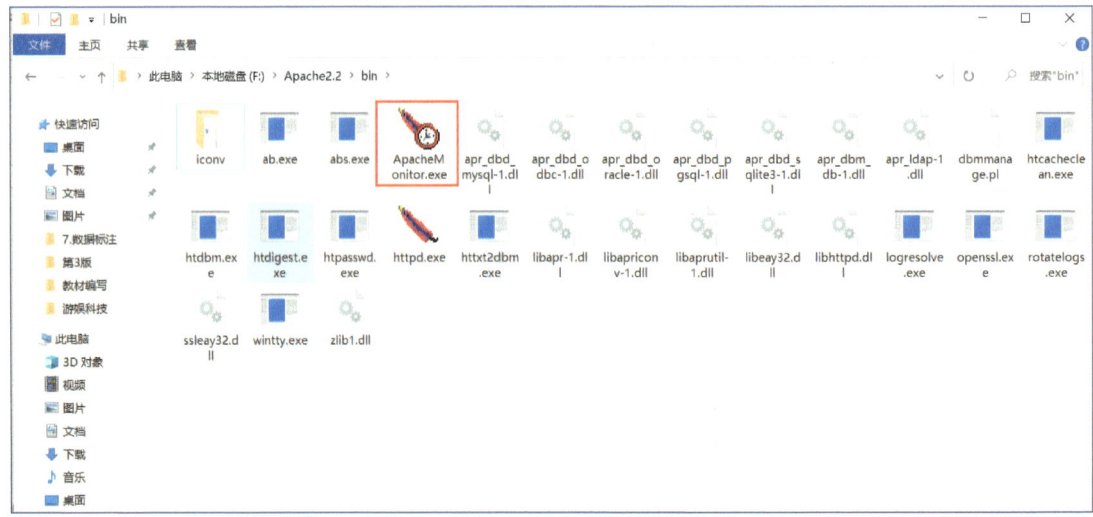

图 9-12　Apache 安装目录的 bin 文件夹

双击文件夹中的 ApacheMonitor.exe 文件，打开 Apache 服务监视器，在这里可以查看 Apache 2.2 服务器的运行状态，如图 9-13 所示。

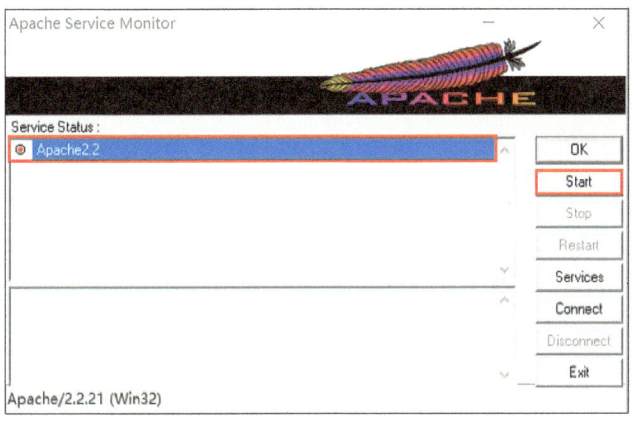

图 9-13　Apache 服务监视器

在图 9-13 中，Apache 2.2 的服务处于停止状态。单击右侧的"Start"按钮，开启 Apache 2.2 服务。Apache 2.2 服务启动成功后，单击右侧的"OK"按钮，关闭当前界面，如图 9-14 所示。

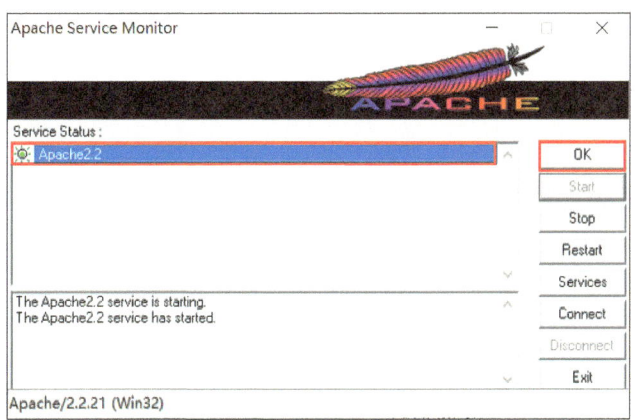

图 9-14　开启 Apache 2.2 服务

Apache 2.2 服务启动成后功，打开浏览器输入地址 http://127.0.0.1，打开 Apache 2.2 服务的欢迎页面，如图 9-15 所示。

图 9-15 Apache 2.2 服务的欢迎页面

2 部署游戏程序。

步骤 **1** 安装了 Apache 2.2 服务器软件并成功启动了 Apache 2.2 服务。接下来将通过 Apache 2.2 服务器软件部署游戏程序。

Apache 2.2 服务器软件的部署目录对应的是 Apache 2.2 安装目录下的 htdocs 文件夹，该文件夹下有一个默认的 index.html 文件（见图 9-16），该文件就是 Apache 2.2 服务的欢迎页面。

图 9-16 Apache 2.2 服务器软件的部署目录

发布游戏程序需要将游戏项目的所有资源全部放到 Apache 2.2 的部署目录下，包括编写游戏代码的 HTML 文件、PIXI 游戏引擎文件、图片资源文件等。这样，才能通过浏览器正常访问发布的游戏程序，如图 9-17 所示。

图 9-17 游戏项目资源

在图 9-17 中，js 文件夹里存放的是 PIXI 游戏引擎文件，res 文件夹里存放的是游戏项目的图片资源文件，而 index.html 则是游戏项目的代码文件。

3 运行游戏程序。

步骤 **2** 将游戏项目部署到了 Apache 2.2 服务器中。接下来通过浏览器访问 Apache 2.2 服务器中部署的游戏项目。

打开浏览器输入地址 http://127.0.0.1/index.html，访问 Apache 2.2 服务器中部署的游戏程序，如图 9-18 所示。

图 9-18 游戏运行效果

知识补充

Web 服务器

Web 服务器也称为 WWW 服务器,从广义上理解,它是一种软件或计算机系统,主要用于存储、处理和传递网络上的数据。它扮演着网站和客户端之间的中介角色,负责接收和处理来自客户端的请求,并将相应的数据发送回客户端。目前主流的三个 Web 服务器是 Apache、Nginx 和 IIS。

参 考 文 献

[1] 克罗克福德. JavaScript 语言精粹[M]. 赵泽欣, 鄢学鹍, 译. 北京: 电子工业出版社, 2012.
[2] 海尔曼. 深入浅出 JavaScript[M]. 牛海彬, 等译. 北京: 人民邮电出版社, 2008.
[3] 基思, 桑贝尔斯. JavaScript DOM 编程艺术: 第 2 版[M]. 杨涛, 王建桥, 杨晓云, 等译. 北京: 人民邮电出版社, 2011.